绍兴文理学院出版基金资助

我国地方政府网站评测模型及实证研究

——基于公共治理理论的视角

陈颢 著

U0250268

WUHAN UNIVERSITY PRESS
武汉大学出版社

图书在版编目（CIP）数据

我国地方政府网站评测模型及实证研究：基于公共治理理论的视角/
陈颢著. —武汉：武汉大学出版社，2014.3
　ISBN 978-7-307-12701-2

　Ⅰ.我…　Ⅱ.陈…　Ⅲ.地方政府—互联网络—网站—建设—研究—
中国　Ⅳ.TP393.409.2

中国版本图书馆 CIP 数据核字（2014）第 004221 号

责任编辑：唐　伟　　　责任校对：鄢春梅　　　版式设计：马　佳

出版发行：**武汉大学出版社**　　（430072　武昌　珞珈山）
（电子邮件：cbs22@whu.edu.cn　网址：www.wdp.com.cn）
印刷：湖北恒泰印务有限公司
开本：720×1000　1/16　印张：11.5　字数：164 千字　插页：1
版次：2014 年 3 月第 1 版　　2014 年 3 月第 1 次印刷
ISBN 978-7-307-12701-2　　定价：25.00 元

摘　　要

　　随着信息技术的发展，特别是互联网技术的普遍应用，电子政务建设已成为提升一个国家或地区综合竞争力的重要因素。而作为直接面向公众提供政务信息和在线服务的电子政务平台，政府网站有助于提高政府管理与服务的公开性、透明度，促进政府办事效率的提高，增强政府的亲和力，改善政府的形象。但是审视我国从1999年开始的政府网站建设，无论是与其他国家相比还是从公众认知度和满意度进行考量，其结果都差强人意。究其原因，在于我国的政府网站建设的行政管理思想准备不足，仅仅是用新的技术对政府网站加以建设，并没有用新的思想和理论对其加以指导。为此，本书以公共治理理论为分析工具，对我国当前的政府网站建设加以研究，力图找出其薄弱环节并提出相关对策，以弥补其不足。

　　本书共分七章。总体结构为提出问题、理论构建、借助该理论进行问题分析、解决问题的逻辑思路。第一章介绍了选题缘由，当前学术界对于公共治理、政府网站中服务提供和在线参与、利用公共治理理论对电子政务进行研究等三个方面的科研情况，此外还介绍了本书内容和结构以及创新点。第二章对于电子政务和政府网站的理论和实践进行了概述，对发达国家及我国政府网站的发展情况进行了介绍和分析，并认为我国政府网站建设尽管有较大进步，但与西方发达国家相比，仍有较大差距。第三章则对于公共治理理论进行了阐述，并在此基础之上结合前一章内容对公共治理与政府网站关系进行了分析，得出公共治理理论是政府网站建设的理论指导，而政府网站建设则是公共治理理论的实践投影的结论。第二章和第三章的内容旨在进行理论架构，为此后的实证性分析做准备。第四章对中外政府网站评估体系进行考察，并在此基础上依据之前对于公共治理理论和政府网站之间的关系分析构建了公共治理型政府网站评估体系，对我国省级政府网站进行了评估。第五章利用SPSS 统计软件，对公共治理型政府网站评估体系以及评估结果的有效性进行检验，并对影响评估结果的各种因素做了相关性分析，提供了从内外两方面进行研究分析的视角。第六章则依据第五章中的分析，从政府网站建设的内部因素和外部环境两个方面对我国政府网站建设中存在的问题以及相应对策做了阐述。第七章是全书内容的结论与思考。

目　　录

第一章 绪 论

第一节 研究背景与问题

在经济全球化和信息化的时代背景下，世界各国纷纷利用信息技术改造传统的政府管理方式，力图通过电子政务来增强政府行政管理能力、提高行政运行效率、改进公共服务水平。由于政府自身的特殊地位以及作为最大的"信息处理组织"对信息的广泛依赖，其在推动社会信息化过程中处于核心地位。对于世界上最大的发展中国家中国来说，更是迫切需要大力推进电子政务建设，借此提高行政质量，加快政府职能转变，改善政府监管和服务能力，增强政府行政的透明度，加强社会监督，从而构建一个有回应力、有效率、负责任、具备更高品质的政府。

从 1984 年国家信息化办公室正式成立算起，我国政府开展信息化建设已经有 20 多年的时间了。1986 年，在国务院召开了部署国民经济十二大信息系统的工作会议之后，各部委纷纷成立了信息中心；党中央和国务院的办公自动化重大应用项目"海内工程"正式启动；发达地区如上海市政府、天津市政府以创新精神自主开展了办公自动化建设；这应当是我国政府信息化建设标志性的一年。其后，"三金工程"上马，政府信息化建设的不断扩大规模并深化。可以说我国政府在信息化建设的起步上，作为发展中国家并不落后。而且我国各级政府对于电子政务的发展均给予了厚望，党的十七大报告中明确提出"推进电子政务，强化社会管理和公共服务"，温家宝同志在 2007 年政府工作报告中要求"大力推进政务公开，加快电子政务和政府网站建设"。《2006—2020 年国家信息化发展战略》把"推行电子政务"作为我国信息化发展的战略重点之一。但是，20 多年的时间过去了，在我国经济取得举世瞩目的巨大成就时，政府信息化进展却不尽如人意。我国在联合国经济和社会事务部关于电子政务发展准备度的调查中，2006 年排名第 57 位，2007 年更是下降到第 65 位，① 这与每年我国在电子政务上所花费的巨大投资不成比例（如 2006—2007 年度全国在电子政务上投入达上千亿元），与我国的地位很不相称。

　　而作为政府实施电子政务重要载体的我国政府网站建设情况也是如此：尽管我国在政府网站上的资金和技术投入巨大，如在"金"字工程取得重大进展后，我国于 1999 年开始实施政府上网工程，到 2008 年为止，中央部委政府网站的普及率达 99.1%，省、自治区、直辖市政府网站的普及率达 100%，地市级政府网站普及率达 99.1%，县区级政府网站的普及率则也达到了 85%；截至 2009 年 12 月，".gov.cn"的域名总数达到 28028 个；这些政府网站不仅仅向社会发布政务信息，有的还提供在线服务。但是这种投资巨大的政府网站建设其成效也并不能令人满意。如福特基金电子政务项目组在 2005 年对我国互联网普及率最高地区之一的北京进行的一项调查表明：只有 23.0% 的北京市民知道可以通过北京市政府网站来获取相关服务或信息；只有 11.8% 的北京市民使用过北京市政府网站。这说明在占北京市公民总数 48.1% 的网民中，仅有接近一半的人知道可以通过北京市政府网站来获取相关服务或信息，只有极少量北京市民享受到了北京市政府信息化成果，这与北京市政府投入大量人力、财力、物力和精力建设政府网站的现状极其不符。北京的情况尚且如此，全国的情况则更为严重。计世资讯发布的报告显示，中国 57.5% 的公众从未访问过政府网站。中国社会科学院《互联网在中国城市的使用状况及其影响的调查报告》显示，不了解或者完全不了解电子政务的人超过了 75%，而从未

---

　　① 宋乐永，赵建凯. 国信办改革反思我国电子政务建设［EB/OL］.［2008-10-08］. http://www.echinagov.com/gov/zxzx/2008/9/17/45994.shtml.

使用过电子政务网站的网民则占了 45.6%，真正经常使用电子政务网站的网民只有 9.7%。① 两份权威调查报告尽管数据有所差别，但均明白无误地表明了我国政府网站建设的困境。

这种局面之所以会出现，其主要原因可以从以下方面进行分析。即我国政府管理虽然在一定程度上吸收了当代公共管理理论成果，但是总的来说主导思想依然是传统的公共行政模式。这种传统的公共行政模式在政府网站建设上表现为：政府网站的设计和运行依然以政府上下层级机构和各个职能部门为中心，而不是以用户为导向，难以向公众提供一体化、无缝隙的服务，而这也造成了公民、企业和非营利组织等各类政府网站用户对于政府网站的认知度和满意度极低，② 既无法发挥出政府网站的真正功用，也远远没有达到政府网站建设的根本初衷。总之，我国的政府网站建设还未能从根本上跳出原来的公共行政管理的框架，存在着行政管理思想准备不足的隐患，需要我们用新的行政理论来探讨和解决所存在的深层次问题。

基于此，本书试图从公共治理的视角对政府网站建设加以指导，希望能对解决当前我国政府网站建设中的这些问题有所帮助。而之所以选择这个论题，首先是因为就目前而言，政府网站一方面体现了政府的形象，是政府和公众进行沟通的桥梁和纽带；另一方面也是政府直接向公众提供信息和服务的平台，是实现政府职能转变最有效的途径。因而政府网站是电子政务建设的重中之重，在电子政务建设中，处于核心地位。在电子政务建设的实践中，政府网站的作用最为直接，无疑是一个良好的研究切入点；其次，公共治理作为当前公共管理理论发展的新趋势，也必将成为行政体制改革的取向。因此，从公共治理视角对政府网站建设进行分析，具有寻

---

① 方家平. 拿什么化解政府网站的转型之痛[J]. 信息化建设，2008（2）：33.

② 按照 2008 年 1 月中国软件评测中心所发布的 2007 年中国政府网站绩效评估结果，全国省级政府网站用户的认知水平仅为 11.2%，平均满意度水平更是只有 4.3%。

求行政体制改革指导性理论和实践途径两方面的重要意义。

第二节　相关研究综述

根据对现有研究资料的检索，利用公共治理理论对政府网站进行研究的文献资料几乎没有，仅有数篇从治理和善治视角对电子政务进行分析，因此本书的文献综述主要涉及和本书研究相关的三个方面：公共治理研究综述、政府网站研究以及运用治理理论对电子政务进行的研究。

一、公共治理研究

1. 国外研究综述

第一类是将新的公共治理理论与旧的传统行政理论加以区分。例如 Lester M. Salamon 在《政府行动的工具》一书中指出，传统的公共行政所强调的是政府机关的管理与控制，很少涉及那些新型的公共活动的管理和运作。在传统的公共行政强调公共机关的内部动态的地方，新型的公共活动则经常涉及与非政府组织之间建立伙伴关系。在传统的公共行政强调权威等级界限及控制命令机制的地方，新型的公共活动则是运用分权化的管理运作以及协商和说服的技术。[①] Garvey 在《直面官僚制：公共机构的生存与死亡》一书中指出，旧的公共行政理论是建立在专才、专业化、以功绩为基础的文官制度、制度建设、行政科学、公共利益的假设的基础之上的。与之不同的是，公共治理理论是建立在这样的前提基础之上的，即"人是理性的人，完全受自我利益的驱动"。这种新的公共行政理论运用的是市场逻辑、民营化、契约外包、交易费用的逻辑和问题网络。[②] B.

---

① Lester M. Salamon. *The tools of government action* [M]. Urban Institute Press, 1989: 255.

② Garvey, G.. *Facing the bureaucracy: living and dying in a public agency* [M]. Jossey-Bass, 1993: 3.

Guy Peters 在题为《变动环境中的治理》的文章中，对若干国家公共行政的研究状况进行了总结，认为在公共服务领域内，那种层级化的和以规则为基础的管理假设，以及在公共服务领域之外，通过公务员的权威来执行和实施法规的假设已经过时。曾经有效的纯粹的韦伯式的管理模式不再适用于公共组织，组织的权力和权威有各种各样的来源。例如，与政府组织的结构和绩效相比，市场或许已成为一个越来越重要的标准。

第二类则是对公共治理的具体模式进行研究。Landau 在《公共行政中的多组织系统》一文中对圣弗朗西斯科海湾地区交通运输系统过剩问题进行了研究，他描述了一种由政府、非政府组织、非营利组织和混合实体所提供的一种新的交通运输模式。在此种系统中，存在着组织和领导的网络，它们一同参与治理。① Lynn 在《采用网络：改革伊利诺伊州的心理健康服务》一文中将此类治理模式称为网络状治理。② 而 March 和 Olsen 则在《民主治理》一书中提出了另外一种治理模式，即松散地结合在一起的系统模式。作为集权和层级的替代物，在这种公共治理模式中，组织的各个部门之间，组织与顾客或消费者之间以及与其他组织之间的界限十分模糊。③此外，Gary Marks 在《欧盟的结构政策和多层治理》一文中提出"多层治理"的概念。在他看来，多层治理是"欧盟结构政策的明显特征，它被用来描述跨国家组织、欧盟、国家、地区和地方政府之间的持续谈判体系"。④

第三类是对公共治理的优势与不足进行分析。在对公共治理理

① Landau, M.. *Multi-organizational systems in public administration*[J]. *Journal of Public Administration Research and Theory*, 1991(1): 5-18.

② Lynn, L. E.. *Assume a network: reforming mental health services in illinois*[J]. *Journal of Public Administration Research and Theory*, 1996(4): 297-314.

③ March. J. G., Olsen, J. P.. *democratic governance*[M]. Free Press, 1995.

④ Gary Marks.. *Structural policy and multilevel governance in the EC*//Alan Cafruny, Glenda Rosenthal. The *State of the European Community*[M]. Lynne Rienner, 1993: 191-411.

论与传统的公共行政理论进行分析时，国外许多学者除了认为公共治理更具创造力和回应性之外，也意识到了其不足之处。Frederickson 等学者认为，尽管治理强调组织间的协调，强调企业家式的创造力，强调实验和冒险，但是它并不强调机构和组织管理中人们通常认为的那些十分重要的特征，如秩序、预见力、稳定性、责任和公正。治理强调选择、竞争和决策的成本观念。尽管这些主张的意思恰恰相反，但它所强调的正好符合那些处在决策地位的人以及具有竞争力的人的心意。① 此外，对于公共治理是提升还是降低了政府能力的问题，不同学者也有不同的观点，Kettle 认为，正是由于实行了政府的精简，实行了政府服务的契约外包，政府空心化的改革将会使政府更有效率。政府不再设立机构、配备人员和提供服务，政府将与私人承包商签订契约，由他们来提供公共服务。② 而 Milward 等学者在《空心化的国家看起来像什么》一文中指出，由于公共治理的施行，使得联邦政府雇员减少，从而导致了政府的空心化，降低了政府的能力，弱化了组织的记忆。③

2. 国内研究综述

国内大规模地正式引入并介绍治理理论始于俞可平的《治理与善治引论》（载《马克思主义与现实》1999 年第 5 期）一文及其后编译的论文集《治理与善治》，此后，治理与善治成为国内学界的热点话题，涌现出了一大批研究文献，涉及领域也较为广泛。纵观这些文献，涉及公共治理研究的大致可以分为以下几种类型：

第一类是介绍性文章。俞可平的《治理与善治引论》无疑是这

---

① Frederickson, H. G.. *Citizenship, social equity, and public administration* [J]. *Public Administration Review*, 1990, 50(2): 228-237.

② Kettle, D. F.. *Public administration: The state of the discipline*//A. W. Finifter. Politic science: *The State of the Discipline* II [M]. American Political Science Association, 1993.

③ Milward, H. B., Provan, K. G., Else, B.. *What dose the hollow state look like*//B. Bozenman. *Public Mangement: The State of the Art*. San Francisco, Jossey-Bass, 1993.

类文章的标志性著作，在该论文中他不仅系统地介绍了治理的概念、背景、内涵，治理失败的风险及应对方案，更重要的是作者站在中国立场上提出了自己对善治的理解，归纳出了善治的六个要素，即合法性、透明性、责任性、回应性、有效性和法治。此外，他还清醒地指出了西方国家和跨国公司借治理之名干涉我国内政的危险。① 毛寿龙等学者所著的《西方政府的治道变革》对于西方政府治道变革的基本理论进行了总结和概括，并分析了西方国家政府职能民营化、公共管理市场化、政治与行政关系调整等新公共管理的发展趋向。② 此外，吴志成的《西方治理理论述评》也是较早介绍西方治理理论的论文，他对西方治理理论的兴起、治理的基本界定及其特点等问题进行了深入而详尽的介绍与分析，并认为治理体系在公共行政方面的作用包括：(1)在一定程度和范围内，发挥弥补政府缺陷、纠正市场失灵的作用；(2)提高公共管理效率，增强社会公正与责任性；(3)推动政府与公民的良性合作，应对现代社会千差万别的决策问题。③

第二类是对公共治理的特定模式进行介绍和研究。朱德米的《网络状公共治理：合作与共治》在探讨西方公共治理理论的前沿问题时，提出了网络状公共治理的假说，可谓国内学者中构建自身的治理理论体系的初步尝试。在他看来，网络状公共治理由多层治理和伙伴关系治理两种模式组成，并以欧洲地方治理的实践为例，阐述网络状公共治理的运行。在对网络状公共治理进行分析后，他认为在网络状治理结构中，最为关键的要素是处于网络节点上的各方形成一种合作关系，故而网络状治理的最主要特征是多方共治。④ 王兴伦的《多中心治理：一种新的公共管理理论》则选取了多中心治理的切入点来介绍，作者已经注意到了公共行政中的治理

① 俞可平. 治理与善治[M]. 北京：社会科学文献出版社，2000.

② 毛寿龙，李梅，陈幽泓. 西方政府的治道变革[M]. 北京：中国人民大学出版社，1998.

③ 吴志成. 西方治理理论述评[J]. 教学与研究，2002(4).

④ 朱德米. 网络公共治理：合作与共治[J]. 华中师范大学学报(人文社会科学版)，2004(3).

的本质特征在于多中心治理。在他看来，多中心治理以自主治理为基础，允许多个权力中心或服务中心并存，通过竞争和协作给予公民更多的选择权和更好的服务，减少了搭便车行为，提高了决策的科学性。多中心治理为公共事务提出了不同于官僚行政理论的治理逻辑。①

第三类是从公共行政范式演进的角度对公共治理进行分析。丁煌教授认为公共治理理论作为一种新型的公共管理理论，是对传统公共管理理论的反思和批判，并且对新公共管理理论和新公共服务理论的合理内核进行整合的结果，其核心观点是主张通过合作、协商、伙伴关系，确定共同的目标等途径，实现对公共事务的管理。② 邓伟志、钱海梅在《从新公共行政学到公共治理理论——当代西方公共行政理论研究的"范式"变化》一文中指出，公共治理理论是对传统公共行政理论进行反思和批判的基础上，对新公共管理理论和新公共服务理论进行理论整合的产物。公共治理理论是公共行政理论上的新发展，是一种新型的、多元的、民主的、合作的、去意识形态的新公共管理理论。公共治理理论的出现是一种代表着西方公共行政管理理论发展趋势的新型公共行政理论。它抛弃了传统公共行政的垄断和强制性质，强调政府、企业、团体和个人的共同作用，充分挖掘政府以外的各种管理和统治工具的潜力，并重视网络社会各种组织之间的平等对话的系统合作关系。这种新型的行政就是"治理"式的行政。③

第四类则是论述治理理论对中国的借鉴和启发意义，主要涉及以下内容：

（1）公共治理与我国和谐社会的构建。王庆丰在《公共治理是构建和谐社会的关键》中指出，当前我国很多不和谐的社会现象和

---

① 王兴伦. 多中心治理：一种新的公共管理理论[J]. 江苏行政学院学报，2005(1).

② 丁煌. 西方公共行政管理理论精要[M]. 北京：中国人民大学出版社，2005.

③ 邓伟志，钱海梅. 从新公共行政学到公共治理理论——当代西方公共行政理论研究的"范式"变化[J]. 上海第二工业大学学报，2005(4).

公共治理的不和谐直接相关，主要表现在公共政策的偏颇和政治制度安排的缺失两个方面。因而我们当前需要在政府的发展战略上突破以经济建设为中心的思维，在政府的公共政策的制定上体现公正、公平和正义，实现政府的社会管理和公共服务两个职能，重新对政府体制和制度安排进行设计。①

王海峰等学者在《公共治理和谐：构建和谐社会的政府选择》一文中指出，和谐社会的建设，在很大程度上取决于公共治理本身是否和谐。而在公共治理的主体中，尽管其他组织也能在公共治理中扮演一定角色，但最主要的仍然是政府。现阶段存在着影响社会和谐的矛盾和问题，从治理的角度来看，主要在于政府公共治理的失衡。他们认为实现和谐社会中的公共治理在于以下四点：一是实现政府职能的转变，把社会管理和公共服务作为各级政府、特别是地方基层政府最主要的职能；二是转变行政方式，建立公共服务型政府；三是克服部门利益；四是形成公共服务的多元社会参与机制和有效的监管机制。②

（2）在我国实施公共治理的具体路径。汪玉凯、黎映桃的《当代中国社会的利益失衡与均衡——公共治理中的利益调控》则从利益均衡的角度对在我国实施公共治理加以分析。他们认为我国当代社会出现了不容忽视的利益失衡态势。为此，在实施公共治理过程中，需要在治理框架下构建并完善社会的利益表达、利益分配、利益协调机制，要从政策导向、法律规范和道德感召诸方面探求利益调控的途径。③

王满船在《试论现阶段我国改善公共治理的主要任务》中指出，我国改善公共治理的主要任务是强化和落实治理原则，调整和优化治理结构，建立和完善治理机制，改进和创新治理手段。现阶段我

---

① 王庆丰．公共治理是构建和谐社会的关键[J]．重庆行政，2007(3)．

② 王海峰，赵晓呼．公共治理和谐：构建和谐社会的政府选择[J]．陕西行政学院学报，2007(8)．

③ 汪玉凯，黎映桃．当代中国社会的利益失衡与均衡——公共治理中的利益调控[J]．国家行政学院学报，2006(6)．

国改善公共治理应该从建立和完善治理机制入手，尤其要把建立和完善问责机制、参与机制、公开机制放在优先位置。以治理机制建设作为着力点，带动治理手段的改进和创新。①

（3）对我国公共治理的实证研究。臧乃康在《多中心理论与长三角区域公共治理合作机制》一文中则运用公共治理中的多中心理论对长三角一体化进程进行了分析，认为在一体化过程中存在着诸多悖论与矛盾：利益主体多元与经济一体化的悖论，行政区分割与经济一体化的悖论，绩效评估价值与经济一体化的悖论，多中心体制与合作协调的悖论等。因此，集权的官僚政府组织背离了一体化发展逻辑，而企业和民间自发、分散的合作意愿和经济要素的流动则会全面推动长三角区域公共治理合作机制的建立。这就要求在一体化过程中，创新区域公共合作关系、建立区域公共政策协调机制、明确区域公共治理合作主体、优化区域政府绩效评测模型。②参见俞可平、林尚立等主编的《中国民主治理案例研究丛书》，包括《中国公民社会的兴起与治理的变迁》、《乡镇长选举方式改革：案例研究》、《地方政府创新与善治：案例研究》、《社区民主与治理：案例研究》、《中国农村治理的历史与现状：以定县、邹平和江宁为例》共五本论文集，分别从我国的公民社会沿革、乡镇选举、地方政府治理、社区治理、农村治理等多个领域对我国公共治理案例进行研究。③

（4）在我国实施公共治理存在的阻碍。巩建华在《中国公共治理面临的传统文化阻滞分析》一文中指出，在中国实施公共治理，必须考虑中国的文化特点、历史传统和具体国情等特殊因素。为此，不仅要改革政治行政体制，转变政府职能，而且要积极消除差序性的文化影响、人情化的关系社会、官本位的政治传统、集权化

---

① 王满船. 试论现阶段我国改善公共治理的主要任务[J]. 福建行政学院福建经济管理干部学院学报，2006(4).

② 臧乃康. 多中心理论与长三角区域公共治理合作机制[J]. 中国行政管理，2006(5).

③ 参见俞可平、林尚立所著的《中国民主治理案例研究丛书》(社会科学文献出版社出版).

的思想观念和形式化的工作作风的阻滞作用。① 董小平在《公共治理含义、意义及中国化》中指出，中国正处于现代化变革之中，尚未取得现代性。官僚制内核的缺失、市场体系的不完备、自主治理传统的空白，使处于现代化进程中的中国公共治理实践举步维艰。基于此，我们一方面不能对公共治理浪潮无动于衷，坐视不理；另一方面，也要认识到公共治理的实践在中国是一个"摸着石头过河"的长期过程。②

二、政府网站研究

当前对于处于电子政务核心地位的政府网站的研究内容较多，鉴于本书在政府网站部分主要涉及内容为民众通过政府网站进行公共参与并获取相关服务，故对当前文献的研究也限定在这个范围之内。

1. 国外研究综述

第一类是对于民众通过政府网站获取在线服务以及进行公共参与而对社会、公民和政府自身的影响所进行的研究。Gerhard Lutz等学者指出，对于公共行政的"顾客"（公民、企业、行政人员）来说，政府网站是一种新的互动渠道。政府网站的建设和发展满足了他们要求合作的意愿，为此在实施此项职能以及组织体制上，需要从技术角度对其进行定义并执行统一标准。③ Parent 等学者指出通过政府网站建设，可以增进公民对政府的信任，例如当前通过使用互联网络与政府进行交流已经增加了选民对于政府的信任感。④

---

① 巩建华. 中国公共治理面临的传统文化阻滞分析[J]. 社会主义研究，2007(6).
② 董小平. 公共治理含义、意义及中国化[J]. 中共郑州市委党校学报，2007(2).
③ Gerhard Lutz, Gamal Moukabary. *The challenge of inter-administration e-government*[J]. *Lecture Notes in Computer Science*, 2004(3183)：256-259.
④ Parent M, Vandebeek C A. Gemino A C. et al.. *Building citizen trust through e-government*[J]. *Government Information Quarterly*, 2005, 22 (4)：720-736.

Waller 等认为，政府网站充分利用技术潜力，以公民为中心帮助公民实现其目标。可以向公民提供更方便的公共信息和服务存取、提供更广泛的服务渠道选择和更个性化的服务、提供基于公民需求而不是基于管理便利的服务、提供更快的交互和交易成本更少的服务。可以开放新的民主渠道，促进、拓宽和深化公众参与，推进国家的民主政治发展。① Ailsa Kolsaker 等学者则提出以下三种观点：首先，人们使用政府网站是源于它所提供的日常性帮助，例如其可以提供方便，快捷的信息服务，而非民主参与；其次，使用政府网站的用户认为政府网站在提供信息和通信方面的作用较为一般，而通过政府网站和其他电子政务途径所进行的民主对话则无任何价值；最后，经常使用政府网站的用户比其他群体对于电子政务的态度更为积极。为此，政府必须对电子政务和电子治理之间的鸿沟加以留意，并意识到前者并不会仅仅因为政治意愿就会顺利地发展到后者。②

　　第二类是对民众通过政府网站获取在线服务以及进行公共参与的各类影响因素所进行的研究。Evans 等指出，随着互联网和信息技术的发展，与传统的政务服务方式相比，政府可以用政府网站这种更加便捷、更为高效和更低成本的方式向公民提供服务。但是政府在提供服务的过程中也会遇到一些问题，如公民对这种新的服务方式加以抵制和开发费用过高。此外，在国际范围内提供服务还会涉及各国文化和社会差异、跨国界数据获取以及数字鸿沟等诸多问题，这些问题都会影响政府网站所提供的公共服务效果。③ Dong-Hoon Yang 等学者则指出，政府网站在建设过程中需要对政府组织、社会团体、文化和制度以及政府、公民、企业等主体进行研

---

① Evans D, Yen D C. E-government: *Evolving relationship of citizens and government, domestic, and international development* [J]. *Government Information Quarterly*, 2006, 23(2): 207-235.

② Ailsa Kolsaker, Liz Lee-Kelley. *"Mind the Gap II": E-government and e-governance* [J]. *Lecture Notes in Computer Science*, 2007(4656): 35-43.

③ Evans D, Yen D C. E-government: *An analysis for implementation: Framework for understanding cultural and social impact* [J]. *Government Information Quarterly*, 2005, 22(3): 354-373.

究。而影响政府网站成功的实现途径包括知识管理与合作、一站式服务以及顾客关系管理模式。① Chee Wei Phang 等则对于青少年群体使用政府网站的情况进行了研究。他们认为，信息和通信技术（ICT）为政府推动公民参与民主进程提供了许多新的渠道。对于政治参与性不断下降的青少年来说，这种参与渠道特别适合，这是该群体对于信息和通信技术的熟悉所造成的。依据作者对所建立的模型进行的分析，集体性和选择性因素以及个人的公民技能和政治有效性因素对于青少年参与电子政务会产生积极影响。②

　　第三类是对民众通过政府网站获取在线服务以及进行公共参与所做的实证研究。Hernan Riquelme 等在澳大利亚政府网站的诸多特性中，选择了公民回应性、可获取性、公共宣传以及隐私和安全进行了调查和分析。研究表明澳大利亚政府网站缺乏用户导向，所设计的服务和工具并不能满足用户需求，只有少数政府网站提供其他语言选择，绝大多数网站并没有对公民的电子邮件加以回应。在被调研的澳大利亚政府网站中有 96% 在网站上清晰地公布了隐私政策，而有 62% 的政府网站公布了公民所关心的信息安全声明。根据调查结果，澳大利亚政府网站中对于信息技术里面个性化和互动性功能运用得并不多，与美国等电子政务发达国家相比，还需要改进。③ Mateja Kunstelj 等从潜在的用户对于使用网站的兴趣与实际使用结果之间的差距着手，对斯洛文尼亚的政府网站进行了研究。研究表明，这两者之间的差距非常大，其原因在于以下六点：上网设备缺乏、缺少兴趣、没有使用意识、不需要、民众对于使用

---

　　① Dong-Hoon Yang, Seongcheol Kim, Changi Nam, In-gul Lee. *The future of e-government: collaboration across citizen, business, and government*[J]. *Lecture Notes in Computer Science*, 2004: 559-559.

　　② Chee Wei Phang, Atreyi Kankanhalli. *Engaging youths via e-participation initiatives: an investigation into the context of online policy discussion forums*[J]. *IFIP International Federation for Information Processing*, 2006(208): 105-121.

　　③ Hernan Riquelme, Passarat Buranasantikul. *E-government in australia: A citizen's perspective*[J]. *Lecture Notes in Computer Science*, 2004(3183): 317-327.

传统政务方式的意愿更为强烈以及政府网站缺少附加价值。①
Criado 等则是将巴斯克郡和马德里市的政府网站使用经验作为研究
案例，通过一些原始数据来测量政府网站的用户导向性，以分析西
班牙地方政府网站的性能。研究结果表明这两个网站尚处于初级水
平，即在交互作用之上的信息普及、在线交易之上的单向联系以及
在网站管理与设计方面的缺乏。他们还讨论了这些结果对于提出理
论框架的影响，包括新公共管理变革与本地电子政务的联系。②

2. 国内研究综述

第一类是对政府网站所提供的在线服务和参与的影响因素进行
研究。陆敬筠等在《公众电子公共参与度模型研究》一文中从政府
网站提供公共服务所涉及的三个方面（供应方——政府，工具——
政府网站，需求方——公众）对影响公众通过政府网站获取政府公
共服务的各种因素进行了分析和归纳，认为在政府方面，其影响因
素包括政府通过网站提供的信息质量、政府通过网站提供的事务服
务以及参与服务质量；而在政府网站方面，其影响因素包括政府网
站的可接入性、易用性和隐私及安全因素；在公众方面，其影响因
素包括收入、受教育程度、年龄、性别、职业及上网经历等。曹国
瑞在《以"顾客需求为导向"强化政府网站服务意识》一文中指出，
政府网站服务质量和服务效能的提升，核心在于站在的顾客角度思
考并以顾客满意度作为网站运营的坐标，针对不同顾客的需求加工
和提供各类政府信息和服务，以顾客需求的实现作为行政措施的产
品和服务的价值。同时，政府网站要重视与顾客的直接互动，并具
备灵活应变、满足需求的服务策略，随时了解顾客的期望，并将其

---

① Mateja Kunstelj, Tina Jukić, Mirko Vintar. *Analysing the demand side of e-government：What can we learn from slovenian users*[J]. *Lecture Notes in Computer Science*, 2007(4656)：305-317.

② Criado J I, Ramilo M C.. *E-government in practice：An analysis of web site orientation to the citizens in Spanish municipalities*[J]. *The International Journal of Public Sector Management*, 2003, 16(3)：191-218.

作为改进运营方式的方向。对公众进行电子公共参与度进行实证研究提供了总体研究框架。①

　　第二类是对于当前我国政府网站在提供在线服务和公共参与情况进行分析和总结。贺恒信、王冰在《我国政府网站服务能力初探》一文中指出，目前，我国政府网站建设已取得了可喜的成绩，但数量上爆炸式增长，服务质量却普遍较低。与国外成熟的政府网站相比，我国的政府网站服务能力还存在着很大的差距。他们对政府网站质量低的原因进行了分析，主要表现为在网站建设中的观念意识上缺乏为民服务的理念，建设技术上缺乏先进技术，服务对象方面没有做合理划分，政府网站的后期保障监督评估机制等。② 陈争艳在《以在线办事和公共参与为核心建设》一文中指出，当前我国在政府网站在提供在线服务和公共参与方面存在的主要问题包括在线办事能力薄弱、缺乏规范性与针对性、制度约束力不够，而公共参与的功能未得到充分发挥，公众提出的问题和建议未得到重视，使得公共参与流于形式，造成网站功能的闲置与浪费。需要采取加强领导、完善制度保障、树立客户意识、加强协同工作、落实责任等多种方式加以完善。③

　　第三类是对我国政府网站在提供服务和在线参与所做的实证研究。苏武荣在《"服务型政府"门户网站建设现状与对策——福建省各市县区政府门户网站调查分析》一文中对于福建省的 84 个政府网站进行了调查研究，认为其存在的主要问题主要表现在：网站建设缺乏科学定位，站名、域名、栏目设置不规范；信息公开不全面，更新频率不高，门户网站与部门网站整合度差；公共服务水平不高，实用性较弱，网上互动没有形成规模；在线办事能力较弱，跨部门协同办公亟待加强等多个方面。作者就此提出"服务型"政

---
　　① 曹国瑞.以"顾客需求为导向"强化政府网站服务意识[J].信息化建设，2008(4).
　　② 贺恒信，王冰.我国政府网站服务能力初探[J].生产力研究，2008(4).
　　③ 陈争艳.以在线办事与公共参与为核心建设政府网站[J].电子政务，2007(12).

15

府网站建设的四点实践要领，即"一站式服务"、"不间断服务"、"网站群服务"和"为公众服务"。① 杨木容在《对省级政府网站个性化信息服务建设的调查研究》一文中对 2006 年中国信息化绩效评估中心的绩效评估结果中省级政府网站绩效排名前 10 名网站进行了调查研究，认为我国省级政府网站中"在线办事"名不符实，公众参与内容的回复反馈实不理想，个性化设置和信息定制应用不普遍。针对上述问题，他提出如下策略：掌握用户不断变化的信息需求，丰富网上服务资源，加强网上办事能力；有效实现互动功能；利用计算机网络技术，实现个性化服务功能；做好面向用户的网站使用帮助信息。②

三、运用治理理论对电子政务进行的研究

从公共治理的视角对电子政务及政府网站建设进行研究的非常少，目前在中国知网检索到的相关论文只有三篇。张成福在《信息时代政府治理：理解电子化政府的实质意涵》一文中从公共治理的角度来分析电子政务的实质。论文指出，信息科技是促进社会变革、政府转型的重要力量；但是信息科技与社会变革、政府转型之间的关系并非线形的关系。信息技术应用与政府和公共事务的管理，不是政府应用什么样的技术问题，而在于政府赋予其什么样的寓意。科技只有在其被政府用于促进善治，增进善政的目的时，其才能产生积极的力量。因此，电子政务并非单纯把信息技术运用到政府部门，其本质是建立与信息社会相适应的政府治理典范，实现善治，促进善政。③ 陈能华、刘梦华在《善治视角：电子政务的深度解读》一文中指出，电子政务与善治理论在提高政府绩效、促进政治民主化以及重建政府组织结构等诸多方面有着共同的愿景，电

---

① 苏武荣."服务型政府"门户网站建设现状与对策——福建省各市县区政府门户网站调查分析[J].信息化建设，2007(9).

② 杨木容.对省级政府网站个性化信息服务建设的调查研究[J].图书馆建设，2008(3).

③ 张成福.信息时代政府治理：理解电子化政府的实质意涵[J].中国行政管理，2003(1).

子政务和善治理论分别从实践和理论的角度探索着信息时代应对政府职能转换、政府管理创新的策略，两者关系密切。电子政务是信息时代善治思想的实践活动；善治理论则为电子政务的发展提供了理论工具和指导思想，明确了发展定位。① 此外，李春在《治理视角：电子政务的另一种解读》中指出，电子政务和治理理论都是 20 世纪后半期兴起的新兴事物，由于处于同一历史背景下，受相同的社会因素催生，两者之间存在密切的联系。电子政务蕴含着治理理论的思想精髓，是治理理论的重要组成部分，主要体现在公民网络参与、政府结构扁平化、政府网上办公等方面。电子政务的发展大致要经历四个阶段，电子化治理是未来电子政务发展的科学模式。明晰电子政务的治理意蕴有助于明确我国电子政务发展取向，指导电子政务建设的实践工作。②

第三节　研究内容和研究方法

一、研究结构和内容

1. 研究结构

本书共分七章。总体结构遵循提出问题、理论构建、借助该理论进行问题分析、解决问题的逻辑思路。

提出问题即为在我国对于电子政务和政府网站经过十多年的建设，投入如此之多的资金，为何和西方发达国家的政府网站建设差距依然如此之大，而民众对于政府网站的认知度和满意度如此之低。

理论构建部分即为对电子政务和政府网站的理论以及公共治理理论分别进行研究之后，然后将公共治理与政府网站二者关系进行

---

① 陈能华，刘梦华. 善治视角：电子政务的深度解读[J]. 情报杂志，2008(1).

② 李春. 治理视角：电子政务的另一种解读[J]. 电子政务，2005(2).

了分析，从得出公共治理理论是政府网站的理论指导，而政府网站建设则是公共治理理论的实践投影的结论。

借助理论进行分析即为借助公共治理理论和政府网站之间的关系分析而构建了公共治理型政府网站评测模型，对我国省级政府网站进行了评估。并利用 SPSS 统计软件，对影响评估结果的各种因素做了相关性分析，并以此从政府网站建设的内部因素和外部环境两个方面对于我国政府网站建设中存在的问题进行分析。

解决问题即为对上述内外两个层面的问题提出以下对策：以用户为导向，提升政府网站服务品质；把握数字机遇，变"数字鸿沟"为"数字桥梁"；打破部门壁垒，建立完善的电子政务领导体制；建立健全电子政务法律体系，推进政府网站发展。此外，还就人才建设、资金保障以及网络安全这三个方面提出了相关建议。

2. 本书的主要研究内容

第一，公共治理含义与特征。

治理已成为当前学术界研究的一大热点问题，但由于它是在20世纪90年代才刚刚兴起，为时不长，故即使在西方原生地，其理论本身的成熟度也还不够，显得有些支离破碎，"即便现在，它在社会学界的用法仍然常常是'前理论式的'。而且莫衷一是；外行的用法同样多种多样，相互矛盾"。① 对其进行研究的学科也包罗万象：如公共行政学、政治学、社会学、管理学以至经济学等都包含在内。因此，对于公共治理的定义必须从不同背景下的有关治理的各种定义着手，归纳总结出一般性的要素，然后将其置于公共管理的背景下，得到适合于公共管理领域的含义。

在本书中将治理的各类定义的共同点概括为以下几点：首先，治理是一种较为模糊的概念，在不同的语境下有不同的含义，而其中以公共管理领域涉及最广；其次，在公共管理领域，治理意味着为了实现公共利益最大化，相互依存的多个主体形成一种合作网

① ［英］鲍勃·杰索普. 治理的兴起及其失败的风险：以经济发展为例的论述//俞可平. 治理与善治［M］. 社会科学文献出版社，2000：53.

络，共同分享公共权力；最后，在实践治理的过程中，政府的掌舵角色意味着政府需要使用权力去引导和规范，即政府组织在合作网络中起到"元治理"的作用。据此将"治理"放置在公共管理的领域下对公共治理加以界定，其内涵则可以概括为：公共治理是包括政府、市场、公民社会在内的多个相互依赖的主体，通过合作与协商，达成一致的共同目标并加以实现，从而最终完成对公共事务的管理。并在此基础上得出公共治理的五点特征，它们分别为：公共治理的主体和权力中心由单一政府向多元主体转化；公共治理的治理方式由集权转向民主合作；公共治理的责任界限由清晰转向模糊；公共治理的结构由金字塔向网络结构转化；公共治理的手段由单一转向多样化。

第二，公共治理与政府网站关系研究。

作为本书理论框架的构建，公共治理理论与政府网站建设二者之间的关系研究在本书中显得至关重要。关于公共治理与政府网站的关系，本书着重从政府网站建设对于公共治理六个方面的要素的体现来分析：政府网站提高政府办事效率，体现了公共治理的有效性要素；政府网站促进政务信息公开，体现了公共治理透明性要素；政府网站提供在线办事多渠道互动，体现了公共治理回应性要素；政府网站促进多种公共治理主体有效参与公共决策，体现了公共治理的合法性要素；政府网站提供民主监督和沟通协商平台，体现了公共治理的责任性要素。这六个方面说明了政府网站是作为公共治理的实践投影而存在；由此认为公共治理则是作为政府网站建设的理论指导，这表现为以下三个方面：公共治理理论要求政府网站建设以公众为中心；公共治理理论要求政府网站加强公众的参与和回应机制；公共治理理论要求政府在政府网站建设中发挥重要作用。

第三，政府网站评估模型构建及测评。

政府网站评测模型的构建在本书中也较为重要，因为本书的目的是针对我国政府网站建设中的问题而提出相应对策，因此建立一套评测模型对于我国政府网站进行评估就是对我国政府网站的不足进行研究的一个前提条件。在前一部分得出公共治理是政府网站的理论指导，政府网站是作为公共治理的一种实践投影，即政府网站建设是对于公共治理的实现，故对于公共治理理论下政府网站的评估即为对于政府网站在实现公共治理的工具性进行度量。从这个角度出发，对于政府网站进行评测的关键要素即为：其一是基础性公共服务的电子政务平台功能；其二是综合性主体互动的善治平台功能。以这两个关键要素为指导，构建出公共治理型的政府网站评测模型。在该指标体系中，以参与性为核心指标。之所以选择公共参与作为此评测模型的核心指标，是因为实现公众参与既体现了公共治理的"合法性"要素，同时也是公共治理实现的重要基础。而该指标体系中的常规指标则为政府网站的日常性功能要素，包含信息公开和在线办事两个二级指标，用以评估以用户为中心的政府网站信息资源整合情况和用户获取的网站"一站式、一体化"的服务情况。政府网站评测模型的核心指标为公众参与要素。此外，基础指标为网站建设要素，包含页面设计和辅助功能两个要素。公共治理理论型政府网站评估指标体系建构之后，依据此指标系统对我国省级政府网站进行评测，并得出省级政府网站各项得分和排名，从纵向角度和横向角度分别对于各省之间的差异以及各指标的得分情况进行了初步分析。

第四，对政府网站评测模型的可靠性和相关因素进行分析。

尽管对于我国省级政府网站进行了评估，但是评测模型和结果的可靠性也需要证实。因为假如其不具有可靠性，那么之后的研究就没有任何意义。本书利用 SPSS 和 Alexa 对于公众参与性的相关数据进行了分析和研究，证实了该体系和结果的可靠性，并对可能对我国政府网站发展产生影响的可测性的客观因素进行了相关性分析，并由此认为需要从内部因素和外部环境两方面对我国政府网站的问题进行分析。

第五，对我国政府网站的问题和应对策略进行研究。

承接前面一部分，由前部分网站评测模型评测而得出我国政府网站的参与性不足进行分析，并根据前部分相关性分析而获得的两个内外角度进行研究，得出了我国政府网站存在的不足源于两个方面：政府网站内在问题为其自身服务平台建设的不够完善、人才缺乏、领导机制不力以及安全问题等；而政府网站建设的外在环境问题主要为数字鸿沟的存在、资金缺乏以及法律法规供给不足等问题。针对这些问题提出以下对策：以用户为导向，提升政府网站服务品质；把握数字机遇，变"数字鸿沟"为"数字桥梁"；打破部门壁垒，建立完善的电子政务领导体制；建立健全电子政务法律体系，推进政府网站发展。此外，还就人才建设、资金保障以及网络安全这三个方面提出了相关建议。

二、研究方法与创新点

1. 研究方法

在本书的写作过程中，主要运用如下几种研究方法：

第一，文献研究法。文献研究法是学术研究中搜集资料的主要途径之一，是搜集和分析以文字形式为主要载体，记录与公共治理及政府网站的各类形式的一种研究方法。笔者主要通过中国期刊网、万方数据库、维普期刊网、学术研究网站、政府网站、SpringerLINK 电子期刊、学术期刊图书馆（Proquest Research Library）以及图书馆等多种途径检索搜集与检索查找与公共治理、政府网站以及电子政务相关的国内外学术期刊、学位论文、官方文献等，并对国内外相关文献进行分析研究，吸收和借鉴他人的相关研究成果。

第二，归纳演绎方法。具体表现在第三章和第四章中。第三章中需要通过对现有治理理论进行分析总结，以此得出各领域中治理理论的共同点，然后再将其放入公共管理的学科背景下，最后获得公共治理的含义。第二章中需要对现有电子政务网站评估指标体系进行分析总结，归纳出公共治理模式下的政府网站分析指标体系。

第三，实证研究方法。在第四章中，利用以公共治理理论为基础而建立的评测模型对我国省级政府网站进行评估。

第四，比较分析方法，主要将应用于第二章中，需要通过对西方发达国家的政府网站进行比较分析，为第五章中应对当前我国政府网站建设中所存在的问题提供经验和依据。此外，在对我国省级政府网站进行评估之后，还对各类指标结果进行对比，从而分析出所存在的相关问题。而在对于影响政府网站发展的客观性可测因素进行相关性分析时，也对各类数据进行比较分析，以获得相关关系分析的结果。

2. 创新点

（1）研究角度的创新。

以公共治理的视角来对政府网站进行研究的文献并不多，这是一种创新，从国内几家全文检索系统检索情况看，对公共治理和政府网站单独进行研究的论文比较多，但是以公共治理理论对电子政务进行研究的却很少，以公共治理理论对于政府网站进行研究的几乎没有。

（2）评测模型的创新。

对于政府网站的评测很多，如本书中第四章所陈述，国内外研究机构和学者都提出了各类评测模型，而本书从公共治理这个新的视角出发，设计了一整套评测模型，用以对各政府网站进行评估。公共治理理论下政府网站的评估即为对政府网站实现公共治理的工具性进行度量。为此，将评测的关键要素定为两个：其一是基础性公共服务的电子政务平台功能；其二是综合性主体互动的善治平台功能。以这两个关键要素为指导，构建出公共治理型的政府网站评测模型。在该指标体系中，以参与性为核心指标，之所以选择公共参与作为此评测模型的核心指标，是因为实现公众参与体现了公共治理的"合法性"要素，是公共治理实现的重要基础。而该指标体系中的常规指标则为政府网站的日常性功能要素，包含信息公开和在线办事两个二级指标，用以评估以用户为中心的政府网站信息资源整合情况和用户获取的网站"一站式、一体化"的服务情况。政府网站评测模型的核心指标为公众参与要素。此外，基础指标为网站建设要素，包含页面设计和辅助功能两个要素。公共治理理论型政府网站评估指标体系建构之后，依据此指标系统对我国省级政府网站进行评测，并得出省级政府网站各项得分和排名，从纵向角度和横向角度分别对于各省之间的差异以及各指标的得分情况进行初步分析。

（3）相关性实证分析的创新。

尽管国内外对于政府网站发展的因素进行分析研究的文章很多，但是通过统计软件进行数据对比分析的却不多。本书运用统计软件将前部分所测评得到的结果与各类可测评的客观性因素进行相关性研究，得出结论为政府网站的发展会受到内部要素和外在环境等多种因素的影响。内部要素主要为来自政府内部行政力量的推动，这些力量主要是政府网站自身提供在线办事以及公共服务的能力等因素；而政府网站的外在环境要素则主要包括当地经济发展水平、网络基础设施、互联网发展水平，这些是影响政府网站发展的经济、社会与科技的外在推动力。而以上这些由数据得到的分析视角为后面进行的多方面分析做好了铺垫。

第二章　政府网站建设的理论与实践

　　基于建设高效政府的内在因素以及实现信息化和民主化的社会因素的推动，随着计算机和互联网的发展所提供的技术条件的成熟，各国政府纷纷将信息技术运用于公共行政之中，信息化政府已成为一个国家或地区在全球竞争中的关键要素，包括政府网站建设在内的电子政务建设已经成为当前不可逆转的世界潮流。它的构建与技术有关，但又不仅限于技术领域。它是信息技术进步的必然结果，更是政府再造的理性选择。

第一节　电子政务理论概述

一、电子政务理论含义

　　电子政务一词的概念源于 Electric Government，国外普遍理解为"电子政府"或"电子化政府"，该词原意是指对现有的政府组织结构和工作流程进行优化重组之后，重新构造成的新的政府形态；其核心内容是借助互联网构建一个跨越时间、地点、部门，以用户满意为导向的政府服务体系——虚拟政府。而国内学界所使用的电子政务这个词是为了与传统政务相区别并和电子商务相对应，它是指利用电子信息技术手段而进行的政务活动。作为电子信息技术与政务活动的交集，电子政务的含义在很大程度上取决于我们对电子和政务活动做何种定义。

　　在电子政务一词中，"电子"是指利用先进的信息和通信技术以提高组织效率，从而实现成本最小化。电子化的含义不仅仅是在工作中简单地将信息和通信技术作为一种工具加以运用，更深层次的是利用信息和通信技术对组织结构进行改造，合理优化工作流程，从而最终提高效率。电子政务中的"政务"则有广义和狭义之分，广义的政务泛指各类行政管理活动，包括政党、政府、人大、政协、军队等系统所从事的行政管理活动，如党务、税务、检务、军务、社区事务等；而狭义的政务则专指政府部门的管理和服务活动。尽管我们在讨论电子政务时主要是指政府部门的信息化建设，但是实际上电子信息技术也广泛应用于各级党委、人大、政协和企事业单位。为了便于分析，本书中所采用的政务为狭义的政务概念，即政务专指政府部门的管理和服务活动。

综合电子和政务这两个概念，我们可以得出：所谓电子政务，就是指各级政府部门在管理和服务活动中，全面应用现代信息技术、网络技术以及办公自动化技术，对传统的组织机构和政务流程加以改造和优化，对各类政务信息资源进行整合和配置，从而向社会和公众提供全方位、高效优质、规范透明的管理和服务。电子政务是以电子化作为政府向社会提供服务过程中的手段上的保障，即电子政务是一种以电子为手段、以服务为核心的活动。

对于这个定义我们可以从以下三个方面来进行理解：

第一，政府机关是实施电子政务的主体。对于电子政务的实施来说，政府机关无疑处于主动和最重要的位置。从广义上理解，政府机关涵盖了所有的政府机构和部门。包括党的机关、国家行政机关、立法机关、司法机关等，也就是说广义上的电子政务既包括政府机关行使行政职能，也包括立法、司法机关以外其他一些公共组织管理活动的开展和事物的处理；而狭义的政府机关通常专指国家权力的执行机关，即国家行政机关。在这本书中我们侧重讨论的是政府机关的狭义概念。

第二，电子政务的范畴应该包含政府机构内外的管理与服务工作。电子政务和办公室自动化的概念不同，办公室自动化注重的是政府机构内部的管理，并且集中于机构内部办公人员的个人层面。因此对于办公自动化来说，注重的是政府自身效率的提高；而电子政务与之不同，其应用范围除了政府机构内部以外，还包括政府不同部门和机构之间、政府与公民、企业和非政府组织之间的应用与互动。只是提供社会公众的社会服务，因而"电子政务"与"信息公开"和"网络化服务"也不同。从实质上来看，电子政务要求在提高政府机关内部管理绩效的基础上，借助高新技术和网络平台，全方位、高效地开展政府机关自身、机关之间以及面向政府机关与其他社会组织和公众的管理与服务工作。

第三，电子政务的重点是"政务"而非"电子"。电子政务的实现离不开网络平台，必须借助于电子信息技术。但技术毕竟是辅助手段，而非主角。电子政务的重点是"政务"、是管理、是服务。电子政务不仅仅是政府事务的数字化，更是对政府组织流程和内部管理的改造，消除机构、部门之间以及与公众之间的沟通障碍，使政府工作更有效、更精简，政务信息更公开、更透明，最终为社会公众提供更优质的服务，建设更加协调的政府与公众的关系。

第四，电子政务是一个动态的发展过程。电子政务所采用的信息技术处于不断的发展变化之中，因而电子政务不是一个静态的最终结果，而是一个动态的发展过程。在这个过程中，政府借助信息技术手段对自身的管理模式和手段加以持续变革，提高行政效率，提升回应度，从而更好地为公众提供服务。

二、电子政务的模式

电子政务所包含的内容极为广泛，几乎可以包括传统政务活动的各个方面。根据主客体的不同，基本上可以分为三种模式，即政府间的电子政务（Government to Government，简称 G to G 或 G2G 模式）、政府对企业的电子政务（Government to Business，简称 G to B 或 G2B 模式）、政府对公民的电子政务（Government-to-Citizen，简称 G to C 或 G2C 模式）。图 2-1 表明了这三种模式之间的关系。[①]
以下分别对这三种模式进行说明：[②]

---

① 汪玉凯. 电子政务基础[M]. 北京：电子工业出版社，2002：139.
② 姚国章. 电子政务基础与应用[M]. 北京：北京大学出版社，2002：5-12.

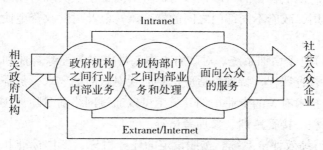

图 2-1　电子政务三种基本模式关系图

1. 政府对政府模式（G2G）

G2G 电子政务是指政府内部、政府上下级之间、不同地区和不同职能部门之间实现的电子政务活动。在当前的初步发展状况下，主要包括：

（1）电子公文系统。通过该系统，可以在上下级政府之间、地方政府之间、政府的不同部门之间传递政府公文，包括报告、请示、批复、公告、通知、通报等。在确保安全的前提下，电子公文系统能够极大地加速公文在政府内部的流通速度，彻底改变传统的、司空见惯的"公文长途旅行"现象，从而大大提高政府处理公文的效率。

（2）电子办公系统。通过电子网络完成机关工作人员的许多事务性的工作，节约时间和费用，提高工作效率和业务水平，如工作人员通过网络申请出差、请假、文件复制、使用办公设施和设备、下载政府机关经常使用的各种表格，报销出差费用等。

（3）电子档案系统。主要指应用于司法部门的电子司法档案，司法机关通过该系统可以对司法信息进行管理和共享，如刑事犯罪记录、审判案例、检查案例、公民个人和企业的信用记录等。通过电子档案，可以实现资源共享，优势互补，及时、准确地获取重要信息。

（4）电子财政管理系统。通过该系统，各级政府向上级机关和审计部门提供各自的财政预算与执行情况，便于实现财政资金的分配和使用、政府不同部门之间的资金流转以及对财政资金使用的监控和审计。

（5）电子培训系统。对政府工作人员提供各种综合性和专业性的网络教育课程，特别是适应信息时代对政府的要求，加强对员工与信息技术有关的专业培训，员工可以通过网络随时随地注册参加培训课程、接受培训、参加考试等。

（6）绩效评价系统。按照设定的任务目标、工作标准和完成情况对政府各部门业绩进行科学的测量和评估，从而能够及时、准确地掌握政府各部门的工作效率及工作完成情况。

2. 政府对企业模式（G2B）

G2B 电子政务是指政府通过网络与企业进行互动，进行电子采购、电子招标，通过信息技术，精简管理业务流程，提高办事效率，快捷迅速地为企业提供各种服务，促进企业发展。

（1）电子采购与招标系统。通过网络公布政府采购与招标信息，为企业特别是中小企业参与政府采购提供必要的帮助，向他们提供政府采购的有关政策和程序，使政府的采购与招标更为透明，降低了徇私舞弊和暗箱操作的可能性，同时也节约政府和企业的交易成本，缩短了采购和招投标的时间。

（2）电子税务系统。电子税务系统包括电子申报和电子结算两个环节。电子申报是指纳税人利用各自的计算机，通过政府税务网络系统，直接将申报资料发送给税务局，从而实现纳税人不必亲临税务机关，即可完成申报的一种方式；电子结算是指国库根据纳税人的税票信息，直接从开户银行划拨税款的过程。第一个环节解决了纳税人与税务部门间的电子信息交换，实现了申报无纸化；第二个环节解决了纳税人、税务、银行及国库间电子信息及资金的交换，实现了税款收付的无纸化。

通过该系统，企业可直接通过网络，足不出户地完成税务登记、纳税申报、税款划拨等业务，并可查询税收公报、税收政策法规等事宜。既方便了企业，也使得政府的税务工作更为方便、准确和可靠。

(3)证件办理系统。通过该系统，企业可完成企业营业执照的申请、受理、审核、发放、年检、登记项目变更、核销等工作以及统计证、土地和房产证、建筑许可证等证件的申请和变更。该系统缩短了办证的时间，提高了效率。

(4)电子外经贸管理系统。该系统为国内外企业创造了一个公平、高效、宽松的进出口环境，通过该系统即可办理进出口配额的许可证、海关报关手续，以及外汇结汇等。

(5)中小企业服务系统。政府相关部门可利用该系统为提高中小企业国际竞争能力和知名度提供各种帮助，如设立专业网站、求助中心，以及提供软、硬件服务等。

3. 政府对公民模式(G2C)

G2C电子政务是指通过网络为公民提供各种服务信息，如法律法规规章数据库、经济统计信息数据库、公共建设项目数据库、政府采购数据库以及交通、天气、旅游、招聘等信息。

(1)电子认证系统。通过该系统，可以实现公民身份认证的电子化，并还可以在政务网上办理结婚证、离婚证、出生证、死亡证明、财产公证等。

(2)电子医疗服务。通过网络向公民提供本地区医疗资源分布情况，提供医疗保险政策信息、医药信息、执业医生信息，为公民提供全面的医疗服务。

(3)电子社会保障服务。主要是通过网络建立起覆盖本地区乃至全国的社会保障网络，使公民能及时、全面地了解自己的养老、失业、工伤、医疗等社会保险账户的明细情况。

(4)电子就业服务。通过网络向公民提供各种工作机会和就业培训，促进就业，如开设网上人才市场或劳动市场，提供与就业有关的工作职位缺口、求职信息以及就业形势分析等。

(5)电子教育培训服务。建立全国性的教育平台，资助教学、科研机构、图书馆接入互联网和政府教育平台；出资购买、开发高水平的教育资源，并向社会开放；资助边远、贫困地区信息技术的应用，消除"数字鸿沟"。

（6）电子民主服务。公民可通过网络发表对政府有关部门和相关工作的看法，或发电子邮件提意见和建议；可参与相关政策、法规的制定；或参加网络投票、选举等。

（7）公民电子税务服务。公民个人可通过网络查阅相关的税法和申报程序，并进行个人所得税、财产税等个人税务的申报。

三、电子政务对政府管理的影响

从某种意义上讲，政府是我们这个社会最大的"信息处理企业"，政府进行管理的过程便是信息的收集、加工与处理的过程。[①]因此，作为互联网和信息技术在政府管理中的应用，电子政务无疑对政府管理方式创新有着重要影响，它包括以下三个方面：

1. 政府管理职能服务化

政府管理职能是政府在社会发展中所承担的管理职责，顺应时代发展的要求转变政府管理职能，是政府按照社会客观发展规律发挥管理作用的基本途径。政府管理职能包含两个基本内容，即行政管理和社会公共服务。电子政务的应用与普及，将实现政府服务与公众双向互动。公众只要登录政府网站就可以获得不同层级政府的服务，而这种服务还具备全天候和无地理阻碍的特点。这种双向互动式服务，将有力地促进政府管理职能由传统的偏向行政管理向为社会公共服务转变，使得政府在实践中既能进行严格的行政管理，又能积极主动地为公众提供服务，从而真正成为社会公共利益的代表。

2. 政府管理过程民主化

与其他组织相比，政府的角色较为特殊，它是收集、整理、加工、应用与公众息息相关的各种政治、经济、文化等各个方面信息

---

①　张成福. 电子化政府：发展及其前景[J]. 中国人民大学学报，2000（3）：5.

的重要管理枢纽，政府有责任和义务向社会公开有关政务信息，从而使公众最大限度地获取知情权。但是在传统的政府管理环境中，由于通信手段落后，加之时空的局限性，一些地方政府的信息供给远远不能满足广大公众的需要，致使政府的一些管理处于半透明或是不透明状态，导致一些有损于政府公正形象的行为发生，给政府管理工作造成了严重危害。

在电子政务环境中，政府部门为了提高执政水平和强化为社会服务的功能，借助信息网络动员公众参政议政。公众通过信息网络可以发表自己对于政府各类管理活动的意见和建议。在政府与公众的电子化互动中，政府民主化管理得到了增强。另外，政府上网办公处理各种业务，为政府在全社会范围内实现透明办公提供了可能，如重大工程招投标、重大案件处理等，都能详尽无遗地直接在网上披露，使政府管理操作建立在全社会的监督之下，这对于政府形成民主的管理作风大有裨益。

3. 政府管理绩效持续提高

政府管理绩效是政府管理过程和管理状态的一种反映和判断，衡量政府管理绩效的主要指标是政府管理成本和政府管理产出。传统行政管理模式下，大量政府机构重叠、人浮于事，过高的办公费用投入、人力投入及时间投入等，都极大地增加了政府管理成本，使得政府负担过重；由于政府机构缺乏调控性、工作流程缺乏合理性，如办事程序复杂、操作手续繁琐、节奏缓慢、反应迟钝等，使得政府管理产出在某些环节很不理想，严重地阻碍了政府管理效率的提高。

电子政务的实施可以为政府管理提供高效的信息处理工具，使政府部门面对纷繁复杂的各类公共事务，能够做出快速灵活的反应。政府上网办公可以打破不同层级以及不同职能部门之间的界限，使其可以实现即时沟通，形成纵横交错的一体化工作流程，从而减少不必要的中间管理环节，可以有效地降低政府管理成本。电子公文、电子审批及电子采购等电子政务手段的应用，使得政府管理产出效益大大地增加，使得政务处理周期更短、反应更为灵敏，

31

尤其可以使部门的主要领导者可以从繁杂的事务和文山会海中解脱出来，把精力集中到更重要的决策或是宏观管理方面，从而极大地提高了政府管理效能。

第二节　政府网站概述

政府提供服务主要是以政府网站的形式出现的，在各种各样的政府网站中最重要最具代表性的是政府门户网站。在本书中所研究的政府网站为政府门户网站，因为只有政府门户网站才能将各个部门的在线办事系统、政务信息系统等诸多政府网络资源加以整合和流程再造，实现真正意义上的"一站式"和"无缝隙"政府。从某种程度上讲，基层政府网站应该是政府站点，无法具备政府网站所要求的功能。下面就政府网站的含义、政府网站与电子政务之间的关系以及政府网站的发展阶段进行阐述。

一、政府网站含义

门户网站（Portal Site）中的门户是指在互联网的环境下，把各种应用系统、数据资源和互联网资源统一集成到通用门户之下，根据每个用户使用特点和角色的不同，形成个性化的应用界面，并通过对事件和消息的处理把用户有机地联系在一起。① 门户网站通过集合众多内容，提供多种服务，引导互联网用户到其他目标网站而成为网络用户的首选。政府门户网站是由政府部门统一建立的门户网站，是一个实现了资源的整合、内外部的交流沟通，同时把业务扩展到互联网的应用平台，是政府为公众、企业和政府机构提供电子服务的窗口，使他们能够从单一的渠道简便、快捷地找到所需的个性化信息、获得个性化信息服务和进行政务活动，是管理、查询、日常业务运作和办公协作的公用平台。政府甚至可以通过门户系统及时向用户提供准确的信息来优化政府运作，提高政府行政效率。而且随着网上业务的不断发展演变，政府门户网站还可以拓展

---

① 赵国俊．电子政务［M］．北京：电子工业出版社，2003：100.

政府的业务范围，创造新的管理和服务模式，成为推动政府实行电子政务的工具。

二、政府网站与电子政务

电子政务主要包括四个部分，一是政府部门内部的电子化和网络化办公。二是政府部门之间通过管理网络而进行的信息共享和实时通信。三是政府部门通过互联网与企业进行的双向信息交流。四是政府部门通过网络与居民进行的双向信息交流。具体来说，目前各级政府部门所广泛使用的办公自动化系统属于第一类电子政务的范畴。已取得明显成效的金关工程等是第二类电子政务的典型例子。政府部门在自己的互联网站发布政务信息，以及进行网上招标，网上采购则属于第三类电子政务的范畴。网上招聘、网上办公、接受网上投诉等属于第四类电子政务的例子。① 而政府网站即为以上电子政务的四个部分中的第三和第四部分，即在政府部门通过电子政务中的政府网站与企业和民众进行双向交流，向其发布政务信息并提供在线服务。

政府网站是电子政务的重要组成部分。它在电子政务中的位置和作用可概括为以下三个方面：首先是前台服务接入功能，指承接前台的服务需求。政府网站是政府建在公共互联网上的办事"窗口"，处于业务受理的前台位置，其作用是接受公众的服务需求，能够准确、便捷地为公众提供各种服务。其服务方式是以用户为中心，针对不同的服务对象，按用户需求设定具体的办事内容。因为，公众所关心的是办事的具体事项，而不是职能部门的分工和办事的过程。所以，政府网站的对外服务，要从方便公众办事的角度，打破按政府部门职能分工的办事界限，对传统的政务业务流程进行改造和重组；其次是整合政府资源功能，政府后台资源必须有一个平台来整合，而只有政府网站能够衡量资源整合的效果。网站在接到用户的办事需求后，要启用"内网办理"和"外网反馈"的运

① 全国干部培训教材编审指导委员会. 信息化与电子政务［M］. 北京：人民日报出版社，2004：141.

行系统，将受理的业务需求传达到对应的办事部门，并且将办事的进度和办结的信息及时地反馈给用户。网站的工作，需要内网工作系统的支持，它是基于一个经过改造和重组的政务业务流程，能够协同办事的工作系统。在这个系统中，是以办事需求为引导，所涉及的办事程序，都是在内部信息网络上运行和完成。最后是绩效表征，政府网站能够充分体现出电子政务的后台应用系统、信息资源、网络基础设施、安全系统及制度保障等各个要素发展水平。作为面向公众服务的电子政务的绩效平台，政府网站应当充分体现建设服务型政府的思想。因此，"政府网站"作为政府资源的整合方式，作为政府与公众的交互媒介，作为电子政务服务平台，作为电子政务的最终绩效，其价值日益突出，政府网站逐渐成为电子政务规划、建设和评估的重点。

三、政府网站发展阶段

政府网站从出现到成熟，其建设是一个逐步发展的过程，当前国际上对政府网站建设的阶段有多种划分方法，所采用的标准各有差异，类型也各有不同。当前公认的划分方法包括欧委会、联合国与美国行政学会（UN/USPA）以及美国国家电子商务协调委员会（US National Electronic Commerce Council）等所持的几种观点：

欧委会将政府网站的发展分四个阶段：第一阶段为网上公布信息阶段（Posting of Information Online）。在这个阶段，政府仅仅在网站上发布与政府相关的各种静态的公共服务信息，如法规、指南、手册、联系方式等。该阶段也是电子化公共服务最普遍的形式；第二阶段为单向沟通阶段（One-way Interaction）。在这个阶段，政府除了发布与政府服务相关的动态信息之外，还向公民提供更为便利的服务，如公民可在政府网站上下载政府的各类表格。但在这个阶段，沟通仅仅是单向的，公民无法将填写完毕的表格通过网络传输到相关部门；第三阶段为双向互动阶段。在这个阶段，政府和用户可以在网上实现双向互动，如用户可以从政府网上下载表格，也可以提交表格，反馈信息和意见等；第四阶段，全方位网上事务处理（Full Online Tractions），即政府与公众、社会、企业实现全面的互动，完成事件的处理。到了此阶段，政府的运作方式必然发生改变，进行政府业务流程的再造，政府公共服务出现全方位的电子化特征。

而联合国与美国行政学会则将政府网站的发展分为五个阶段：第一阶段为网站出现阶段。在这个阶段，一国拥有一个或几个官方网站，为公民提供静态的信息，作为公共事务的服务工具；第二阶段为拥有改善的网站。在这个阶段，政府网页增多，信息也更加动态，用户有更多获取信息方式的选择；第三阶段为存在互动的网站阶段。在这个阶段，出现了更多的用户与公共服务提供者能够正式沟通的网站，例如能够从网上下载表格、通过网络提交表格；第四阶段为实现网上处理的阶段。在这个阶段用户能够便利地根据其需求获取服务，在网上实现政务处理。如网上缴税、缴纳费用等；第五阶段为全方位的政务整合阶段。在这个阶段，可以通过"一站式"的门户网站实现政府网上服务的全面整合。①

此外，美国国家电子商务协调委员会将政府网站的发展分为五个阶段：第一层的门户网站只需要点击几下鼠标，就可以得到政府机构提供的信息和服务。这种方式非常有效，掩盖了机构的复杂性并给居民们展现他们所想看到的样子；第二层的门户网站提供了在线处理方式，诸如车辆登记、商业执照、税务管理和账单支付；第三层的门户网站，当人们从一项业务转跳到另一项业务时，不需要重新进行身份验证。这需要两个部门之间的合作并共享诸如身份验证、安全机制、搜索和导航等服务；第四层的门户网站可以从所有的政府资源中调出事务处理所需要的数据。这要求机构之间的合作，数据仓库和中间技术的协调，这样才能使不同的数据库相连接；第五层也就是最高层的门户网站允许人们按照自己的意愿与政府进行交互式访问，在与居民相关的特殊环境的特定领域内提供集中的和定制化的信息与服务。第五层次的政府门户网站在沟通方式上是交互式的，在信息传递方式上则是多媒体，其数据复杂性远远

---

① 吴爱民，王淑清．国外电子政务［M］．山西人民出版社，2004：71．

超过前面四层。①

除了上述划分之外，国际上对政府网站的划分方法还有 IDC 的阶段规划、埃森哲（Accenture）的阶段规划以及韦斯科特（Wescott）的亚太地区六阶段划分论。尽管划分方法多种多样，但是总的看来，政府网站是一项随着信息技术和网络技术的发展而出现的新生事物，它的发展必然是一个从低级向高级逐步进行的过程。而这些划分阶段则在政府网站的本质上具备四大共性特征：

第一，无论怎样划分政府网站的发展阶段，其实质上都是按照政府网站建设从简单到复杂、低级向高级的逻辑顺序划分的，即按照从静态的、单向信息发布到动态的、双向互动的信息交流这样一个逻辑顺序划分。

第二，尽管对各个阶段划分不尽相同，但是政府网站建设都是开始以政府为运作中心和主体，逐步转向以公民和企业为中心，构建用户为导向的网上政府。

第三，从公民接受信息的程度来看，政府网站建设初期公民都只能被动地接受有限和陈旧的信息，然后逐步发展到主动接受及时和准确完整的信息，到最后实现无障碍和全天候进行信息接收。

第四，按照政府网站在政府处理政务中所应用的程度来看，政府网站建设初期政府都只是将政府网站作为一种处理政务的补充手段加以运用，随着政府网站的建设的深入，对各单个政府机构网站进行整合，内部政务流程实施再造，建设"单一窗口"、"一站式服务"，最终实现虚拟化政府。

第五，当前大部分政府网站已经可以提供信息和服务，但是仅有少部分电子政务发达国家的政府网站可以提供在线实时办事以及在各个政府部门之间实现了"无缝隙办公"，而对于部门间数据共享以及向民众提供个性化服务以及进行交互式访问，目前还处于构想之中。

---

① ［美］道格拉斯·霍姆斯．电子政务［M］．廖俊峰，等，译．北京：机械工业出版社，2003：9-10.

第三节　政府电子政务和网站建设实践

一、发达国家的电子政务和政府网站建设

从世界范围来看，美国、英国、加拿大，新加坡等发达国家在电子政务和政府网站建设中处于领先地位，已经基本实现了在线办事以及"无缝隙政府"，大大提高了政府办公效率，也给其民众带来了极大的便利。而我国的政府网站建设目前还只是简单的发布信息和提供服务，与之相比尚有较大差距。为此，以下对其中的几个国家政府网站建设的各自特点做简单的介绍，并对其经验和做法加以思考和研究。

1. 发达国家电子政务和政府网站建设进展

作为电子政务建设的先行者和创新者，加拿大、美国、新加坡和英国在电子政务建设方面无疑处于较为领先的地位，在电子政务和政府网站的建设方面积累了一些经验值得借鉴，以下主要介绍美国、加拿大、英国、新加坡这几个国家电子政务与政府网站发展的基本情况。

（1）美国电子政务与政府网站发展概况。

美国是一个公认的政府网站建设得最为成熟、信息化工作开展的最为彻底的国家。由于美国政府历来重视高科技和信息产业的发展，所以其政府网站无论是从规模还是从服务成熟度来说，在全球都处于领先地位，并在很大程度上正在成为全球政府网站建设的模板。

首先，美国政府网站数目众多，内容丰富，功能众多。从联邦政府到州级政府，再到县市级政府，几乎所有的机构单位都建立了网上站点。据统计，现在全美已建立各级政府网站 2.2 万多个，可以搜索到的网页超过 5100 万个；① 政府网站的内容十分丰富有效，

---

① 赵俊国. 电子政务[M]. 北京：电子工业出版社，2003：100.

以美国人口调查局(United States Census Bureau)为例，用户可以通过在该局的网站上输入所要查询的州乃至县市名称，就可以获得极其详尽的统计数据，包括当地人口的性别、年龄、种族、从事各种职业组成等等各类信息；此外，美国政府网站的功能也十分强大，能够提供多种服务，如宾夕法尼亚州政府网站可以向居民提供通过输入关键字就能找到信息的高效搜索功能，一个列出所有州政府官员和州政府事件日程表的在线蓝页以及一个可以让用户按照自己感兴趣的领域来定制网站的工具。此外，居民还可以在该政府网站上查询天气、股票信息和新闻，开通电子邮箱，设计简单的网页甚至在线理财。①

其次，尽管这些网站数量众多，但各司其职，互有分工。美国联邦、州与市县三级政府网站中每一级政府网站的服务内容各不相同，彼此之间存在着明确分工，企业或公民根据业务内容，通过访问所在地的州或市(县)政府网站，即可获得各种不同的服务。比如，申请美国护照，要上联邦政府的网站；办理驾驶执照更新，要上州政府车辆管理部门的网站；申请住户的长期停车证，则要上市政府的网站。

再次，一站式服务。美国的政府网站，大都在首页头版位置设有网上服务栏目，用于为民众提供各种查询、申请、交费、注册、申请许可等服务。这些栏目将分属于政府各个部门的业务集中在一起，充分发挥了网络的优势，充分发挥了网络的优势，将分属政府各部门的业务集中在一起，并与相应的网上支付系统配套使用，因而具有"单一窗口"、"一站式"、"24小时"、"自助式"等特点，体现了网上虚拟政府的发展方向，极大地方便了民众办事。

最后，这些网站之间实现了网网互联。美国政府网站最重要的特点就是政府网站之间的互相连接。美国联邦政府网站已经实现了各部门和下属政府网站之间的网络互联。而各州政府网站也是将州内各县市网络进行链接。例如在联邦一级所建立的美国最大的政府

---

① [美]道格拉斯·霍姆斯．电子政务[M]．廖俊峰，等，译．北京：机械工业出版社，2003：28.

网站——"第一政府网站"（www.firstgov.gov），是"第一个以最方便、最直接的方式提供民众进入所有美国联邦政府的资料库"。该网站作为联邦政府唯一的政府服务网站，整合了联邦政府的所有服务项目，结合了 400 个政府部门，总共包含 500 个网站，同时提供链接服务至 4000 万个网页及 2 万个相关站点，提供民众全天候查询。

（2）加拿大电子政务和政府网站发展概况。

相对于其他发达国家来说，加拿大的电子政务建设起步时间较晚，但其发展速度很快，已经连续数年被评为全球最佳。加拿大的电子政务之所以发展迅猛并能后来居上，一方面与其在各个行业和民众中大力推广并加大其应用有关，另一方面也与其先进的网络基础设施以及强大的技术和法律支持分不开。加拿大拥有北方电信等一批具有世界领先水平的网络技术开发公司，全国主要城市均有高速数据网连通，上网资费在西方 7 个发达国家中最便宜。加拿大每所学校、图书馆和社区中心都实现了网络化。此外，加政府还实施了保护消费者利益和公民隐私权的政策法规。这些为电子政务的开展提供了一个强大的网络、技术和法律支持平台。

首先，加拿大政府大力加强联邦、省、市各级政府之间的纵向合作和联邦政府各部门间的横向合作以及部门内部的网络建设，建立了一个三维立体的政府网站的服务网络，实现了教育、就业、医疗和社会保险等领域服务的全面电子化，从申请各类行政许可到报税，从领取社会福利到申请政府贷款等政府所有对外服务均可在各级政府网站上完成。以不列颠哥伦比亚省为例，通过该省的政府网站"BC 在线"，政府 58 个办事机构可与电子社区各终端相连，通过政府网站可获得 565 类电子服务，其服务对象覆盖全社会，包括公民、社会组织、工商企业、合作伙伴及政府工作人员。公民可在线支付医疗费用，实时在线获取危重病床，在线支付获取电子文件，在线下载复制本省有关档案文件，在线采购系统与招标系统相结合，在线交易中电子身份可以安全确认，在线信用支付等。通过该网站，使得一切可以以电子方式提供的政府服务实时上网，从而实现政府服务 24 小时在线，优化了政府信息资源共享，促进公民

39

参与各项事务。

其次,加拿大政府网站更强调个性化服务。2001年,加拿大对国家电子政府网站进行了重新设计,新设计的门户将政府所服务的群体分为:"加拿大公民"、"加拿大企业"以及"非加拿大公民"三类。各类人员可按照自己的需要找到加拿大政府所能提供的相应的服务项目。这种设计体现了以客户为中心的服务理念,改变过去政府网站按照部门或机构的职责来划分组织信息的形式。每一个人口严格按照主题、客户需求或者生活周期事件分类进行信息、服务传递。通过公民入口,加拿大人可以很快找到经常需要的信息与服务,如所得税、就业保险、就业检索、申请和更新护照、养老金和医疗等;通过企业入口,加拿大企业可以进入"在线评估"、"市场趋势"、"技术资源"、"如何写商业计划书"、"税收"、"融资"、"就业"、"进出口"、"登记注册"等10个导航链接,通过使用这10个链接,企业可以找到从公司设立到员工雇佣、缴税、贷款融资、产品出口、网上竞标等信息;通过非加拿大人和国际用户入口,外国学生、工人、旅游者和商人可以找到诸如移民申请、国际贸易、旅行等不同信息。这样的个性化设计,不仅便于人们查找其所需服务,同时还可了解自己能享受哪些服务。此外,服务信息基本以一问一答的形式出现,既直观且实用。

再次,技术上强调简洁、高效、易操作、以人为本。如加拿大政府网站在设计在提供服务时,确保提出、接受、处理申请过程和反馈申请结果清晰、简便。公众在政府网站任何一项服务页面登记一次个人信息后,再登录其他服务页面无须再重复登记。另外,加拿大政府在网站在细节设计上也尽量做到以人为本,如在"服务加拿大"频道,提供了"为我阅读"服务,帮助视力有障碍的人获得网站的信息,还提供了"可打印版本"方便人们使用。此外,对于那些住在偏远农村地区的民众,加拿大政府还增设了流动服务站,加强了对这些地区的服务辐射范围,保证公众可在任何时间、地点登录政府网站,得以享受政府提供的各类服务。

最后,加拿大政府还对政府网站服务的效果加强检测和评估,并不断创新加以改进。其检测和评估手段主要有:通过对访问次数、人数和点击率的动态监测，对标准网络信息流量进行评估；收集使用者对网站意见并进行分析；请使用者给主要页面有用程度打分，必要时对使用者进行集中访问，或进行网上公开调查。

（3）英国政府电子政务和政府网站概况。

在电子政务和政府网站建设中，英国政府非常注重在实践过程中努力结合自己的情况，形成英国特色。

首先，英国政府精简政府网站，提供少而精的一站式服务。英国政府高度重视电子政务建设，其在电子政务方面的支出已超过 GDP 的 1%。但是英国在政府网站建设上并不像其他国家那样建设许多政府网站，然后通过网络互联从而达到在政府网提供多种服务的效果。英国政府走的是一条精简高效的道路，政府在 2007 年关闭了 90% 的政府网站，将原有的 951 个网站合并裁减至 26 个，政府信息将主要通过 Directgov 和 Business 这两个网站提供，一些被关闭的网站的信息将被转到 Directgov 网站或其他被保留的政府网站上。通过这一方式简化公众获取政府信息的过程，以方便公众获取"一站式"服务。目前，英国地方政府的各类服务项目已全部上网，中央政府 75% 的公共服务项目已实现 24 小时在线。英国的政府网站建设正在从政府与公众互动阶段向在线事务处理阶段过渡，公众与税务、交通、车管、邮政、银行等部门可一次性在线完成"端对端"事务处理。

其次，英国政府十分注重发挥法律法规和政策标准在电子政务和政府网站建设中的作用，制定多部法律和规范对网站建设进行的指导和约束。英国政府先后发布了关于信息资源开发、网站建设、安全保障等方面的标准和法规，并颁布了《政府网站管理指针》、《地方政府网站建设指导原则》、《英国政府网站指导方针》等政策指导性文件，使得政府用一致的方法在网上提供信息及服务，使政府网站能在管理和设计上实现最佳。

再次，英国政府建立了强有力的机构，对电子政务和政府网站建设实施强统一、协调的领导。英国首相任命了电子大臣（e-Minister），全面领导和协调国家信息化工作，并由两名官员（内阁办公室大臣、电子商务和竞争力大臣）协助其分管电子政务和电子商务。联邦政府各部门也相应地设立电子大臣一职，由联邦政府核心部门的电子大臣组成电子大臣委员会，该委员会为电子大臣提供决策支持。同时，在内阁办公室下设电子特使(e-Envoy)办公室(下设若干工作组)专职负责国家信息化工作。电子特使与电子大臣一起，每月向首相汇报有关信息化工作的进展情况，并于年底递交信息化进展年度报告。由联邦政府各部门、授权的行政机构和地方政府指定的高级官员组成国家信息化协调委员会(e-Champions)，协助电子大臣和电子特使协调国家信息化工作。①

最后，英国政府还通过政府网站建设广泛的电子民主。电子民主是伴随电子政务发展的一个必然产物。它的前提是保障所有人得到网上政务的服务。在建设电子民主方面，英国政府一方面加强信息技术教育和基础设施建设，保证公民随时随地都能够会使用并可以接入互联网，另一方面还通过政府网站这个载体，吸引公民参政议政，与政府进行实时互动交流。英国内阁颁布法令，宣布公民可以在政府网站上对政府文件进行咨询并提出意见。同时许多政府部门在政府网站上都建立了相关部门的政策讨论专区，公民可以就感兴趣的专题进入不同的论坛进行讨论。

(4)新加坡电子政务和政府网站概况。

新加坡是全世界最早推行"政府信息化"的国家之一，也是全球公认的电子政务发展最为领先的国家。由于新加坡是一个单一层面政府的城市国家，并且具有高度先进的技术基础，因而其在政府网站建设上较其他国家更为有利。

首先，新加坡政府提高政府各部门协调能力，联合建设政府门户网站，为用户提供"一站式"的办事服务。新加坡政府提出"多个部门、一个政府"的口号，其门户网站整合了各个部门网站的信息服务，对各部门的服务办事进行协调，从而使公众可以更方便地得到政府提供的信息和服务。政府网站打破各政府各机构、各组织间的界限，集成各项信息、流程与系统，力争向公众提供一个无缝的

---

① 吴爱民，王淑清. 国外电子政务[M]. 太原：山西人民出版社，2004：161.

在线服务与事务处理。"电子公民中心"整合了对公民所有服务，而"政府电子商务中心"则是整合了所有对企业所有服务，使新加坡民众和企业从网上都可以获得来自政府不同部门的相应服务。例如新加坡公民每人在 15 岁之后即可办理一个网上身份证，网上身份证上有一个 ID 账号和密码，通过网上身份证即可在 24 小时开放的线上电子公民政府网站享受政府提供的各种服务。再如企业要完成注册登记只需要登录新加坡政府网站的企业频道，进入注册登记服务主题，即可进行网上办理事务中所有与注册登记有关的政府服务，提高了为企业办事的效率。

其次，新加坡政府广泛利用现代化技术，为用户提供多种接入方式。新加坡政府网站设置了多种接入方式，以方便民众和企业用户随时随地进入政府网站享受各类服务。政府网站广泛利用各种现代化的信息技术，通过电话呼叫中心、因特网、智慧卡、数码电视等手段使移动办公的用户能够更方便、快捷地获取政府服务。例如市民频道里面的移动服务，针对普通大众的最高法院移动信息服务，用户通过手机短信，可以在审判之前及时、准确地获得最新的审讯和公诉方面的信息，当诉讼人缺席的时候，可以通过手机提供提醒服务等。

最后，新加坡政府网站提供多种公众参与政务的渠道。政府门户网站作为电子化政府最大的网络平台，在构建政府和公众之间互相沟通的对话桥梁方面具有独特的优势。新加坡门户网站都很注重利用这一优势，在"电子公民中心"，设置有政府与公民的在线交流、建议反馈等政民互动栏目。公众对于政府各个部门的意见、建议、反馈等都是可以通过此栏目进行发送，通常这些建议等都会得到邮件形式或见面会形式的及时回应。另外，对于公众关心的热点问题，在反馈栏目中通常会以主题形式列出供公众发表意见，其中的一些会被用来作为民意调查的主题，当然这种调查也是通过在线进行的，所有这些都成为政府与公众沟通的有效渠道。

2. 发达国家政府电子政务和政府网站建设特点

西方发达国家在电子政务和政府网站建设上处于世界领先地

位。"他山之石，可以攻玉"，我们应该借鉴这些发达国家在建设电子政务和政府网站过程中的一些优点和做法，以利于我国电子政务与政府网站建设。

（1）由易到难，由简单到复杂，对电子政务和政府网站的建设分阶段实施。

尽管这些发达国家具有世界最先进的信息网络技术条件，但是在政府网站建设战略的具体实施方面，各国仍然是采取循序渐进、分步骤实施的策略，由简单到复杂，将政府网站建设划分为多个阶段来实施。为此，各国均制订了科学合理、具有前瞻性和指导性的政府网站发展规划，确定了政府网站发展的方向与目标，为全方位、多角度、多层次的政府网站发展提供了重要的保证。

美国将其政府网站建设分为四个阶段：第一个阶段为政府信息上网阶段，主要是通过互联网在各级政府网站上提供政府机构的一般性信息，并进行简单的事务处理，在这个阶段所采用的技术也较为基础，主要特点是单向信息传递；第二阶段为定向信息查询阶段，在这个阶段对政府网站进一步建设，技术复杂程度有所提高，企业和公众可以按照特定的需求查询信息，而政府网站能够提供较为复杂的事务处理，并可以实现网站间的初步协作；第三阶段为网上开展业务阶段，在这个阶段对政府业务进行重组，建立集成系统以及复杂的技术体系，企业和公众此时可以得到快速的信息回馈以及高质量服务，政府机构可在网上开展纳税、办理执照等项业务，互动性明显增强；第四阶段为网上电子办公阶段，在这个阶段建立了高度复杂的技术支持系统，政府政务的服务全部通过互联网或相应的电子渠道实现，此阶段以无纸化办公为特点。按照美国的规划，到 2010 年，绝大多数政府部门将按照电子政府的要求被改造。①

而英国则是在 1996 年 11 月颁布了《"直接政府"绿皮书》，对电子政务的发展做出了系统规划，提出了近期和远期目标。此外还

---

①　徐步陆，刘健. 国外电子政务发展概况［J］. 现代信息技术，2002（12）：48.

在 1999 年 3 月《政府现代化白皮书》中推出全面改革公共机构服务方式的专项计划——"电子政府计划"，提出在 2002 年，25%的政府服务实现电子化；2005 年，50%的政府服务实现电子化；2008年，100%的政府服务实现电子化。这说明电子政务的建设是一个复杂的过程，对发达国家来说也不可能一蹴而就，必须分步实施。

（2）不断完善电子政务和政府网站的法律法规和建设规范，以此推动电子政务和政府网站建设。

各发达国家在建设电子政务和政府网站时，都会依据实际需要，出台相关法律法规以及网站建设标准规范，以此有效地保证本国政府网站的健康发展。

例如美国从 1996 年起，陆续制定并颁布了如《1996 年电子信息自由法修正案》、《1996 年信息技术管理改革法案》、《1995 年文书精简法案》、《1998 年儿童在线隐私保护法案》、《全球和国内商务中的电子签名法案》、《2002 年电子政府法案》、《2004 年标准开发组织促进法案》等 20 多部法律法规，[①] 对于涉及网络隐私保护、电子签名效力、各政府机构在网站建设中所应采取的行动及实施期限等多个方面进行了规范。

（3）设立专职机构，对政府业务进行分类，对业务流程进行整合。

各发达国家在进行电子政务和政府网站建设时，都有一整套完整的组织机构，对政府网站建设实施强有力的领导，并在各个机构间通力协作。前一部分所介绍的英国政府在建设政府网站上所设立的强有力的领导机构就是其例证之一。

再比如加拿大采用中央集权式的"自上而下"方式实施政府网站建设。总理府财务委员会(TBC)是建设实施的最高决策机构，负责政府网站建设的规划、协调、组织和投资决策；公共事务与政府服务部(PWGSC)负责为各部门提供技术支持；通信部(CC)负责门户网站的内容管理和相关标准的制定；政府人力资源部(HRDC)牵

---

① 刘家真. 中外电子政务案例研究[M]. 高等教育出版社，2008：328-354.

头负责政府门户网站公民入口部分的建设，工业部（IC）牵头负责企业入口网站的建设，外交和外贸部（AFTIC）则负责非加拿大公民和国际用户入口网站的建设。加拿大政府自上而下各级政府的职责分工明确，这有力地保障了跨部门政府网站建设项目的实施。①

而美国的政府网站建设则是实行了合理的分工和分层。包括以美国总统管理委员会为主的指导和审批机构以及以行政管理和预算局为主的执行机构，还有包含相关利益者、领导机构和专业人士在内的政府信息技术推动小组进行日常事务处理。各个机构之间进行灵活配合和有效协调，为政府网站的秩序快速发展提供了保障。

（4）电子政务和政府网站建设始终坚持以公众为中心，依照公众需求提供政府服务。

强化政府服务理念这是决定政府网站发展成效的一条重要准则。在政府网站的建设过程中，西方国家政府应该自始至终把这一点作为政府网站建设的出发点和归宿，从而提高了公众对民众对于政府的信心和满意度。

例如美国联邦政府网站"第一政府网站"除了依据对象用户和应用主题进行层层分级以向民众提供信息资讯和服务服务外，网站还对那些对于时效性强、常用的信息和咨询服务设置了专门栏目——"Top Request"，按照用户的点击率、使用情况进行统计，将最为常用的主题单列出来、动态排序，用户可以快捷地获取这些热点资讯和服务，充分体现了网站在组织设计方面智能化、人性化的特点。而通过这些在联邦政府网站提供的包括医疗、退休养老金、个人纳税等方面的各类服务，使得越来越多的民众对于联邦政府的信心不断增强，满意度也从 2000 年联邦政府网站建成前的 68.6%上升到 2001 年政府网站启用后的 71%。②

（5）努力提高公众的电子政务和政府网站参与度。

---

① 施洋. 以公众和企业服务为核心的加拿大电子政务——加拿大电子政务成功的关键[J]. 电子政务，2005(2)：126.

② 吴爱民，王淑清. 国外电子政务[M]. 太原：山西人民出版社，2004：148.

公众参与是政府网站建设成功的至关重要的因素。除了在建设政府网站方面投入大量人力物力之外，各个发达国家还大力开展信息化基础设施建设，消除地区和阶层之间的数字鸿沟。

例如英国在这方面所采取的措施包括：2001 年投入 52 亿英镑在全国兴建 1000 个信息技术培训中心，同时将电脑出租给 10 万户最贫困的家庭，为他们上网创造条件。另外，英国政府还投入 4.5 亿英镑建立 700 个公共上网地点，在公共场合提供上网设施，在全国建立了 6000 个网络中心，并在互联网上设立网站开通电脑学习课，帮助公民学习互联网和 IT 技术。此外，英国还努力降低上网费用，上网费用在全世界已经达到最低。在上述措施的推动下，英国的互联网用户在欧洲名列前茅，已经具有覆盖 60% 家庭的宽带接入能力，超过 190 万商业用户通过电子形式与政府打交道，而政府网站的访问数也大大上升，每周的访问请求数已经超过了 2000 万。①

二、我国电子政务和政府网站发展

1. 我国电子政务建设进程

我国的电子政务建设是依据我国国情，沿着"机关内部办公自动化"——"管理服务的电子化工程"（如金关工程、金税工程等"金"字工程）——"全面的政府上网工程"这一条主线展开的。② 总的来说，我国的电子政务进程共经历了四个阶段，即起步阶段、推进阶段、发展阶段、高速发展阶段。

（1）起步阶段（20 世纪 80 年代初—20 世纪 90 年代初）。

我国政府最早提出办公自动化建设的目标源于 1985 年的"海内工程"。从 20 世纪 80 年代到 90 年代初期，中央和地方党政机关所

---

① 吴爱民，王淑清．国外电子政务［M］．太原：山西人民出版社，2004：165-167.
② 刘云，刘文云．我国电子政务快速发展的环境因素分析［J］．现代情报，2005(7)：8-9，12.

开展了办公自动化(OA)工程,初步建立了各种纵向和横向的内部信息办公网络。① 当时的主要想法是在中央政府开展办公自动化建设,尝试利用计算机技术辅助完成一些较为基础的诸如文件电子化处理、数据电子化存储等政务活动。此后国务院又通过举办全国性的办公自动化工作会、交流会、研讨会等多种形式,在全国各地政府机构掀起了学习计算机、使用计算机的热潮,一些部门还在工作中建立了小型的内部办公网络和专门的信息中心,帮助政府部门提高信息处理能力和决策水平,为计算机和互联网技术在政府管理中的广泛应用奠定了基础。

(2)推进阶段(20世纪90年代初—20世纪90年代末)

1993年12月,为适应全球建设信息高速度公路的潮流,我国在全国范围内正式启动了国民经济信息化的起步工程——"三金工程",即:通过建设政府的专用基础通信网,实现政府之间相互连接的金桥工程;为提高外贸及相关领域的现代化管理和服务水平而构建的金关工程;为推动银行卡跨行业务联营工作而实行的金卡工程。② "三金工程"是我国中央政府主导的以政府信息化为特征的系统工程,重点是建设信息化的基础设施,为重点行业和部门传输数据和信息提供数据和载体,这一阶段实际上也是标志着电子政务发展正式发展成形。在"金"字工程推动下,政府部门的网络建设和电子化建设都得到了一定的发展,并积累了一定的经验,电子政务由此开始了探索试点的发展阶段。

(3)发展阶段(1999—2001年)

1999年1月,40多个部、委、办、局(部门或单位)信息主管部门共同倡议发起了"政府上网工程",从而拉开了"政府上网"行动的序幕。"政府上网工程"内容主要包括四个部分:一是政府部门形象上网;二是组织机构和办事程序上网;三是相关政策产业信

---

① 赵廷超,张浩. 电子政务干部培训读本[M]. 北京:中共中央党校出版社,2002:80.

② 范娟. 我国电子政务的发展与建设初探[J]. 中国标准化,2005(7):56-57.

息上网；四是政府自己的专有信息上网。"政府上网工程"的目标是在 1999 年实现 60%以上的部委和各级政府部门上网，在 2000 年实现 80%以上的部委和各级政府部门上网。通过启动"政府上网工程"及相关的一系列工程，迈入"网络社会"，提供政府信息资源共享和应用项目，政府站点与政府的办公自动化连通，与政府各部门的职能紧密结合，使政府站点演变为便民服务的窗口，使人们足不出户完成与政府部门的办事程序。利用政府职能启动行业用户上网工程，如"企业上网工程"、"家庭上网工程"等，实现各行各业、千家万户联人网络，通过网络实现信息共享及多种社会功能，形成"网络社会"。据统计，我国当时已有 70%以上的地市级在网上建立了办事窗口，政府网站也已经多达 3000 多个。在"政府上网工程"的推动下，网络建设获得了长足的发展，政府信息化的必要条件已经具备。

（4）高速发展阶段（2002 年至今）

2001 年 12 月 26 日，国家信息化领导小组第一次会议制定了"政府先行，带动信息化发展"的战略方针。2002 年 7 月，国家信息化领导小组通过了《关于我国电子政务建设的指导意见》（2002 年中共中央办公厅第 17 号文件），提出了"十五"期间我国电子政务建设"初步建成标准统一、功能完善、安全可靠的政务信息平台：重点业务系统建设，基础性、战略性政务信息库建设取得实质性成效，信息资源共享程度有较大提高；初步形成电子政务安全保障体系，人员培训工作得到加强，与电子政务相关的法规和标准的制定取得重要进展"的指导目标。此文件将政府信息化建设纳入一个全新的整体规划、整体发展阶段。2004 年，政府行业 IT 投资总额为 408 亿元，同比增长 18.3%，且政府机构信息化建设是中国市场中最大的市场，其中投资额占整个中国行业 IT 投入的 20%以上。[1] 2005 年的电子政务市场规模更是达到了 478.6 亿元，比 2004 年增长 16.3%。部委、省级、地级和县级政府网站的拥有率分别达到

---

[1] 2008 年之前政府 IT 投资将达到高峰［EB/OL］.［2008-11-16］.http://www.ccw.com.cn/htm/center/ccw/ccwresearch1.asp.

了93.4%、90.3%、93.1%和69.3%。① 至此，国内电子政务走上了一条由政府统一规划、行业制定标准、资源信息共享、保障措施得力的规范化发展道路。

我国电子政务经过近20年的发展，总的来看，已经取得了阶段性的成果：首先，从电子政务网络建设来看，各类政府机构IT应用基础设施建设已经相当完备，网络建设在"政府上网工程"的推动下已获得了长足的发展，大部分政府职能部门如税务、工商、海关、公安等部门都已建成了覆盖全系统的专网，并开始逐渐由基础设施建设转向数据资源开发利用；其次，从电子政务的办公自动化、管理信息化的发展来看，我国各级政府机关的信息化办公水平不断提高，适应政府机关办公业务和辅助领导科学决策需求的电子信息资源建设粗具规模；再次，从信息化政策法规建设来看，各地、各部门在信息化建设中，已经认识到信息化政策法规的重要性和必要性，并根据行业、地区特点制定颁布了相应的政策法规，尤其是我国《电子签名法》、《政府信息公开条例》的颁布更是对电子政务的建设提供了有效规范；最后，从组织建设方面来看，各地、各部门领导高度重视信息化建设，许多地区和部门实行了"一把手"负责制，将信息化工程列为"一号工程"，这无疑是对电子政务发展的一个强有力的支持信号。

2. 我国政府网站的发展

从1999年底的"政府上网工程"开始，我国政府网站大规模的建设与发展已有十多年的时间，现在正进入一个崭新的发展阶段。在这十多年的时间里，我国各级政府网站的数量从无到有，网站规模从小到大，逐渐走出了一条适合我国国情的发展道路。总结和展望我国政府网站的发展，吸取其中的经验与教训，探索其中的规律，对于推进我国未来的政府网站建设大有裨益。

（1）目前我国政府网站的基本现状。

---

① 电子政务进入第三阶段信息共享平台唱主角[EB/OL].[2008-11-16]. http://digi.it.sohu.com/20060703/n244066161.shtml.

我国政府网站目前具有以下几个特征：

首先是我国各级政府网站体系基本构建完成。从 1996 年海南省政府创办首个政府门户网站开始，到 2006 年 1 月 1 日中央政府门户网站正式开通，我国已经基本形成一套由中央政府门户网站、国务院部门网站、地方各级人民政府及其部门网站组成的政府网站体系。根据中国互联网络信息中心（CNNIC）的统计报告，截至 2008 年 6 月，我国以 gov.cn 结尾的政府网站有 40831 个。根据 2007 年 1 月 11 日召开的政府网站绩效评估发布会的结果，国务院部委网站拥有率为 96.1%，省级政府网站拥有率从 2005 年的 90.4% 上升到 96.9%，地市级政府网站拥有率从 2005 年的 94.9% 上升到 97%，县级政府网站抽样拥有率从 2005 年的 77.7% 上升到 83.1%。2006 年我国各级政府网站的总体拥有率达到 85.6%，比 2005 年提高 4.5%。从拥有率来看，各地区、各部门政府网站已普遍建成，并逐步覆盖到县级政府。①

其次，政府网站质量不断改进。最初众多政府网站只是简单地在网上发布政府信息，内容长时间不更新，用户与政府交互性较差。而目前大多数政府网站网上服务数量持续增加，服务内容不断丰富，服务范围不断拓展，并在一定程度上可以实现政府部门与公众之间的互动。中国软件评测中心与中国信息化绩效评估中心 2007 年的政府网站评测报告显示，北京、上海、天津、浙江、安徽、福建等 10 家省级政府网站和深圳、广州、武汉、青岛、大连等 13 家地市级政府网站办事指南的数量均在 1300 条以上，表格下载数量均超过 900 条。② 这表明我国政府网站的功能正逐步增强，已经成为政务公开的重要窗口和建设服务型政府的重要平台。

最后，政府网站的影响力与效果不断增强，作为"网上政府"，发挥着积极作用。过去许多政府机构把政府网站当作一种门面装

---

① 赵建青. 我国政府建设的现状与路径探析[J]. 中国行政管理，2007（6）：51.

② 参见中国软件评测中心与中国信息化绩效评估中心《2007 年中国政府网站绩效评估报告》。

饰，根本不具备政务处理和信息发布的功能，导致用户访问量极低。目前政府则广泛利用电子信箱、网上调查、在线访谈等多种渠道，不断完善互动参与的保障机制，努力提升互动质量，扩大网站社会影响力。据不完全统计，在 2007 年各级政府网站的互动工作中，公开反馈各类信件、留言超过 30 万封；组织在线访谈 1800 余次，整理访谈实录 900 万余字；百余万人次参与网上调查和民意征集活动；近万份帖子在对政务工作出谋划策、对政府行为进行监督。①

总的来看，我国政府网站目前已经度过了探索阶段，正处在一个不断上升发展的过程中，并在促进政务公开、改进公共服务、提高行政效能等多个方面发挥着积极作用。但是与西方发达国家相比，我国的政府网站建设仍处于初级阶段，大部分只具备简单的信息发布和服务提供功能，还需要明白自身的不足，向发达国家学习。

（2）我国政府网站建设面临的挑战。

我国由于人口众多，生产力还不发达，各地区发展不平衡，人民生活也并不富裕，受教育程度较低，经济属于粗放式增长，这种大环境决定了我们建设政府网站的基础条件无法与那些政府网站建设先进国家相比，在当前的政府网站建设中还面临着严峻的挑战，对此我们必须高度重视：

一是数字鸿沟的存在与加深。数字鸿沟是一个普遍性的世界现象，由于经济水平的差距和区域特色的不同，它广泛地存在于发达国家与发展中国家之间、发展中国家之间以及一国的不同地区、不同人群之间。我国在数字鸿沟表现为三个方面：一是各个地区之间和上下层级之间的政府网站发展不平衡；二是各个地区之间和城乡之间的信息化基础建设不平衡；三是各个地区和城乡之间以及不同行业之间人群的信息化程度的不平衡。这三大数字鸿沟将越来越突出地成为我国电子政务未来发展的重大瓶颈。数字鸿沟的出现和加

---

①　参见中国软件评测中心与中国信息化绩效评估中心《2007 年中国政府网站绩效评估报告》。

深严重阻碍着政府网站的发展，会严重损害政府网站的整体效能的发挥。数字鸿沟本质就是以互联网为代表的新兴信息技术在普及和应用方面的不平衡，它意味着互联网发展落后地区和互联网弱势群体在新的"信息革命"中面临着"信息贫困"。而对我国这个农业社会、工业社会和信息化社会共生的国家来说，这个问题尤为突出。因而从某种意义上来说，政府网站建设能否成功，在很大程度上取决于数字鸿沟问题的解决程度。

二是一些政府网站仍未树立以公众为中心的理念。与政府网站建设先进国家相比，我国政府网站建设在网站设计上最大的差距即为我国的政府网站仍未摆脱以政府为中心的建设模式。尽管目前我国各级政府网站在包含公众满意度的绩效考核指标的指挥下，在这个方面有一定改进，① 但在设计各种功能和服务时仍然总是习惯考虑如何方便政府，而不是更多地从方便企业和公众了解政府信息、获取政府服务的角度来建设网站，政府网站的服务受众少、服务形式单一、服务范围狭窄，直接服务能力弱以及服务程度过低是当前我国政府网站建设中的突出问题，在一定程度上影响了政府网站作用的发挥。

三是我国政府网站建设整合不够。我国单个政府网站内的前台和后台数据库之间缺乏有机的关联。而在多个政府网站中条块整合仍然存在一些机制和体制上的障碍，各部门的网站都为自行构建，彼此间的数据格式、技术实现和管理形式不统一，网站之间难以形成资源共享。政府之间的孤岛现象还是比较明显，各个部门网站之间、部门网站与门户网站之间的信息资源条块分割，信息和服务的汇集方式主要通过一般链接，尚未形成科学的信息服务分类体系和信息交换平台，这就造成目前不少政府网站的协调效益非常差，整体优势难以发挥，在一定程度上影响了信息共享的规模和网上办事的效率。

---

① 国务院信息化办公室所开展的政府网站绩效评估指标中，从2006年开始有多项涉及用户认知度和满意度调查，而这项指标的测评分值呈逐步上升趋势。

53

四是政府网站服务实用性不强。与政府网站建设先进国家相比，我国政府网站在线服务数量较少，尤其是与公众生活相关的教育、医疗、社会保障等领域公共服务数量严重不足，网站服务内容与企业和社会公众日常生产生活的实际需求有较大差距。而这种服务供给不足造成了两方面的后果：一方面，从政府网站自身来说，所应具备功能的缺失，使得政府网站发挥不了其应有的功能，造成网站资源的浪费，也影响了政府网站的效率；另一方面，从民众的角度来说，他们所需要的服务得不到满足，降低了其对于政府网站的信任感。

三、我国政府网站建设的发展趋势

随着政治、经济、文化、生活等环境因素的持续发展和技术的不断进步，我国政府网站乃至整个电子政务都在不断向前发展。而在今后一段时间内，政府网站的发展趋势主要有以下一些新的变化：

首先，政府网站加大民众参与力度。随着我国信息网络技术的不断发展和人民受教育程度的不断提高，我国使用互联网的民众的数量呈现逐年增长态势。而随着民主建设进程的加快，他们近年来的权利意识不断增强，对社会的影响也日渐增大。诸如春运火车票涨价问题、手机漫游费问题、黄金周假期调整问题等事关民生的政策的制定，也与他们在网上的意见和建议密不可分。而政府网站的服务对象即为广大民众，正是他们为政府网站建设提供了动力。基于此，各级政府网站在网站设计和内容安排上，需要考虑民众的需求和使用习惯，不断提高民众对政府网站的认知度和满意度。同时，政府形象代表的政府网站，还应加强网站的政府公信力建设，防止出现影响政府权威性的虚假和错误的政府网站信息出现。特别是当民生、环境、治安等问题出现矛盾的时候，要及时运用政府网站渠道发布事实真相，公正、客观地介绍事情发展过程，提高处理问题的透明度，维护人民政府形象。

其次，政府网站信息公开制度化。2008 年 5 月 1 日起，《中华人民共和国政府信息公开条例》正式颁布实施，中国的政府信息公开开始进入"有法可依"时代。而各级和各部门政府也纷纷出台信息公开条例，对政府信息公开提出了更为具体和细致的要求。与此同时，北大三位教授提请公开申请，要求了解首都机场高速路收费信息；法律学者郝劲松向国家林业局递交申请，要求公开"虎照"信息，这表明公众对于信息公开的法律意识已经开始增强。在此情况下，政府网站信息公开的责任更加清晰和明确，应当结合《中华人民共和国政府信息公开条例》的要求，对自身所属的政府业务进行全面梳理，建立全面和完善的信息公开制度。

再次，政府网站提供更多公共服务。胡锦涛同志在党的十七大报告中明确指出："必须在经济发展的基础上，更加注重社会建设，着力保障和改善民生，推进社会体制改革，扩大公共服务，完善社会管理，促进社会公平正义，努力使全体人民学有所教、劳有所得、病有所医、老有所养、住有所居，推动建设和谐社会。"政府网站作为政府服务民众和企业的重要途径，应当对政府公共服务资源进行整合，在政府网站上全力提供医疗、教育、就业等全方位民生服务内容，为公众和企业提供尽可能多的服务。

最后，政府网站积极推动网络民主建设。2008 年 6 月 20 日，胡锦涛同志通过人民网问候网友并与网友在线交流达；2009 年 2 月 28 日，温家宝同志通过人民网与网友交流并接受中国政府网、新华网联合专访；也是从 2008 年开始，国家和省部级领导纷纷通过互联网与网友进行交流对话。由于网络互动具有虚拟化、去权威化、非正式化、交互性便捷等特点，使得"网络民主"较传统民主具有一定的优越性，但同时也具有有限性、破坏性。① 因此，各级政府应该积极建设政府网站的各类公众参与渠道，以更好地反映民情民意，同时还要加强网络民主的引导工作，有效消除公众非理性民主、情绪式民主带来的消极后果。

---

① 侯彬. 试析"网络民主"特征及其对民主政治发展的影响[J]. 中共云南省委党校学报，2005(1)：84.

第三章　公共治理理论与政府网站建设

第一节　公共治理概述

自从世界银行 1989 年在讨论非洲的发展时首次提出"治理危机"(Crisis in Governance)以来,"治理"(Governance,或译为治道)这个概念在学术界很快就流行开来。"治理"最早源于古拉丁文和希腊语中的"掌舵"一词,原意是控制、指导和操纵,主要用于与国家公共事务相关的宪法或法律的执行问题,或指管理利害关系不同的多种特定机构或行业。由于"治理"本身就是一个纷繁复杂的概念,加之学术界和实践界中存在的不同视角和立场,对其的定义也各不相同,远远超出传统意义,被广泛运用于政治学和社会经济管理领域,一些国家还提出"更少的统治,更多的治理"(Less Government, More Governance)这样的口号。最近几年,这一理论也受到中国学术界的重视,并且有一些学者开始应用这一理论来分析中国的问题。

一、治理理论的兴起

治理理论的兴起沿着两条发展路线展开:[①] 一是国际援助机构在对发展中国家援助的过程中发现,许多援助项目无法发挥应有的效益。国际援助机构通过对援助过程进行分析,认为许多发展中国家因国家整合能力和执行能力的下降导致的治理危机是许多援助项

---

① 参见《华中师范大学学报》(人文社会科学版)2004 年第 2 期第 5 页关于"治理专题"的"编者按"。

目无法发挥效益的一个主要原因。1989 年，作为援助机构之一的世界银行首先使用了"治理危机"一词来描绘非洲国家面临的问题，并于 1992 年发表了《治理与发展》的年度报告，随后，"治理"一词被广泛应用于众多的场合，特别是被用来描述后殖民地和发展中国家的政治状况。① 为此，包括世界银行在内的国际援助机构多年来致力于通过治理理论来促进发展中国家的政治与行政变革，以达到塑造一个有效率的政府和充满活力的公共部门的目的。这些国际援助机构的一个工作重心就是关注国家建设，关注公共部门能力的提高，并强调一个强大的国家和充满活力的公共部门是良好治理的一个关键因素。

另外一条发展路线是福利国家危机所引发的公共行政变革。第二次世界大战后在竞争性选举体制的压力下，西方发达国家的各个政党竞相向选民许诺各类社会福利，导致用于社会福利的开支不断增多；再加上凯恩斯主义的政策导向，这些都使得国家承担的职能增多，政府机构开始变得臃肿不堪，财政赤字与日俱增；本来寄希望于社会福利来解决的社会问题非但没有减少，反而新问题、新情况层出不穷。这种效应的直接后果是导致了 20 世纪 60 年代福利国家的濒临破产。因应社会的需要，公共行政领域兴起了一场大变革。政府缩小规模，从经济领域大踏步撤退，"市场化"、"以企业家精神改造政府"成为指导性理念，签约外包、合同采购、公私合营、国有企业私有化……各种新的公共行政方式日新月异，其典型就是英国撒彻尔内阁时期与美国里根执政时期，此即"新公共管理运动"。治理就在这场改革运动的呼唤中应运而生，这场运动在 20 世纪 90 年代后的发展，就开始渗透进了治理理论的要素，接受其理论指导；但治理又超越了新公共管理运动并挖掘出自组织网络这一新兴事物的治理潜力。② 随着改革的深入，出现了从"统治"到"治理"的广泛变革，强调市场、企业、NGO 和各类公民组织在治理过程中的作用。20 世纪 90 年代后期以来，治理理论得到了进一步的快速发

---

① 俞可平. 治理与善治[M]. 北京：社会科学文献出版社，2000：1.

② 曾正滋. 公共行政中的治理——公共治理的概念厘析[J]. 重庆社会科学，2006(8)：82.

展,不仅学术界对治理的研究呈现出蓬勃发展的势头,而且一些主要国际组织和地区组织都在组织力量并资助项目在实践中深化良好治理的过程。公共治理问题已经成为许多学科研究和关注的一个中心,而且当下理论界的许多热点问题或重大理论都与治理问题相关。

在两条发展主线之外,治理理论的兴起也与全球化和信息化的时代背景密不可分:① 首先,经济全球化直接推动了治理模式的产生。经济全球化使人们的活动跨越了国家疆域的限制,因此也产生了一些国际性的跨国经济、社会组织,并导致新的管理领域和管理主体的产生。随着跨国公司和国际组织发展越来越多地替代国家及国内市场发挥作用,它们设定了基本游戏规则,给传统国家及其政府带来了巨大的压力,并改变着传统主权国家政治权力的结构和运作方式。面对全球化对传统的以国家统治为核心的权力运作方式的挑战,面对新公共管理领域在传统政治统治结构下的虚弱与不足,西方理论家们提出应该对传统的行政学理论进行反思,对传统的官僚体制进行质疑,由此直接推动了治理理论这一具有全球性质的公共行政理论的产生。

其次,治理理论的产生受惠于现代信息技术的发展。一方面信息技术的发展使得信息的收集、处理和传播更为便利,缩短了政府、组织和公民个人之间的相对距离,密切了管理主体和客体之间的沟通和反馈,从而加强了彼此之间的回应性和依赖性;另一方面,信息技术也增强了公民和社会在信息和知识方面的占有量,从而削弱了传统政府的优势地位,对于传统垂直型单向度的权力运作方式提出了挑战,公民要求更多地参与管理。政府、企业、社会组织、公民个人共同管理、民主管理、参与管理就成为一种需求和可能。当代公共治理运动的产生和发展在很大程度上和很多方面得益于现代信息技术的进步。换言之,信息高速公路、国际互联网、多媒体等信息技术的应用功不可没。它为公共治理价值的实现和将理念转化为一种现实的实践行动提供了技术支持。

---

① 聂平平. 公共治理:背景、理念及其理论边界[J]. 江西行政学院学报,2005(4):5.

二、公共治理的含义与特征

1. 治理的含义

由于治理概念越来越广泛地被运用于各个领域，以至于许多治理理论都宣称随着全球化的不断凸显，"治理社会"已经来临。然而，学术界对治理加以何种定义却存在分歧，各种治理理论从来就没有、也很难给治理下一个统一的、普遍适用的确切界定。它们分别从不同的学科视角来研究治理，比如经济学、管理学（如公司治理）、社会学（如社会治理）、政治学（如政府治理）、国际关系学（如国际治理、全球治理）等。不同领域的学者从自己的学术背景出发对治理进行研究，必然产生有所差异的理解。尽管如此，我们还是力求对不同背景下的有关治理的各种定义进行归纳，总结出一般性的要素，然后将其置于公共管理的背景下，得到适合于公共管理领域的含义。

治理理论的主要创始人詹姆斯·罗西瑙（James Rosenau）将治理定义为一系列活动领域里的管理机制，它们虽未得到正式授权，却能有效发挥作用。与统治不同，治理指的是一种由共同目标支持的活动，这些管理活动的主体未必是政府，也无须依靠国家的强制力量来实现。治理由共同的目标所支持，这个目标未必出自合法和正式规定的职责，也不一定需要依靠强制力量克服挑战而使别人服从。治理是一种内涵更为丰富的现象，既包括政府机制，也包含非正式、非政府的机制。"治理是只有被多数人接受（或者至少被它所影响的那些最有权势的人接受）才会生效的规则体系；然而政府的政策即使受到普遍的反对，仍然能够付诸实施"。"因此，没有政府的治理是可能的，即我们可以设想这样一种规章机制：尽管它们未被赋予正式的权力，但在其活动领域内也能够有效地发挥功能"。①

---

① ［美］詹姆斯·N. 罗西瑙. 没有政府的治理［M］. 张胜军，刘小林，等，译. 南昌：江西人民出版社，2001：62-65.

全球治理委员会（Commission on Global Governance，1995）关于治理的界定颇具代表性和权威性。该机构认为：治理是个人和制度、公共和私营部门管理其共同事务的各种方法的综合。它是一个持续的过程，在其中，冲突或多元利益能够相互调适并能采取合作行动。它既包括正式的制度安排也包括非正式安排。

世界银行（The World Bank，1997）则从其自身立场出发，侧重于经济角度对治理做了以下定义：治理是在管理一国经济和社会资源中行使权力的方式。治理的内容主要有：构建政治管理系统；为了推进发展而在管理一国经济和社会资源中运用权威的过程；政府制定、执行政策以及承担相应职能的能力。

经济与合作组织（OECD，1995）认为：治理指一个社会在管理经济和社会发展中政治权威的运用和控制的行使。这个宽泛的定义涉及公共权威在建立经济运行的环境、决定利益的分配以及确立统治者和被统治者关系上的作用。①

上述定义有的显得过于宽泛，有的则过于专业，与其说它们界定了治理的内涵，不如说只是对治理的本质特征做出了一些描述和归纳而已，显然不适用于公共行政的特定领域。

罗茨（R. Rhodes）认为，治理意味着"统治的含义有了变化，意味着一种新的统治过程，意味着有序统治的条件已经不同于以前，或是以新的方法来统治社会"。他认为治理在当代至少有六种不同含义，这六种含义是：（1）作为最小国家的管理活动的治理，它指的是国家削减公共开支，以最小的成本取得最大的收益最小化政府。它是从政府承担的职能角度来定义的，力图减少政府的范围，并用市场机制来提供公共服务。（2）私营部门的管理方式。它偏重于从管理技术的角度下定义。（3）新公共管理。它指的是将市场的激励机制和私人部门的管理手段引入政府的公共服务，企业型政府是其表现形式。（4）作为善治的治理。它来自世界银行对于第三世界的贷款政策，指的是强调效率、法制、责任的公共服务体

---

① 朱德米. 网络公共治理：合作与共治[J]. 华中师范大学学报（人文社会科学版），2004（3）：5.

系，要求政府能够有能力管理国家、社会、经济事务。(5)社会神经系统。它浮现于社会——政治系统中的结构或模式，是由一群行动者和团体组成的。政府，尤其是中央政府仅仅是该结构中的一个部分，强调政府与民间、公共部门与私人部门之间的合作与互动。(6)作为自治网络的治理。它认为公共服务的传递是由政府、私营部门、非政府组织共同组合而成的，它指的是建立在信任与互利基础上的社会协调网络。①

研究治理理论的另一位权威格里·斯托克(Gerry Stoker)则对流行的各种治理概念作了一番梳理后指出，到目前为止，各国学者们对作为一种理论的治理已经提出了五种主要的观点。这五种观点分别是：(1)治理意味着一系列来自政府但又不限于政府的社会公共机构和行为者。(2)治理意味着在为社会和经济问题寻求解决方案的过程中存在着界线和责任方面的模糊之点。(3)治理明确肯定涉及集体行为的各个社会公共机构之间存在着权力依赖。(4)治理意味着参与者最终将形成一个自主的网络。(5)治理意味着办好事情的能力并不仅限于政府的权力，不限于政府的发号施令或运用权威。政府可以动用新的工具和技术来控制和指引；而政府的能力和责任均在于此。②

罗斯(Rose)认为，在现有的研究中，"治理"的各种定义可以大致被梳理成两类用法：一种是规范意义上的。治理既可以是好的也可以是坏的。好的体现为使国家作用最小化，鼓励非国家的管理机制出现，缩小政府规模，改变政治在社会经济事务中的作用。比如"新公共管理"、"善治"等说法都意味着更小的政府，政府的作用是掌舵而不是划桨。另一种是描述意义上的，指的是一系列政治行为者互动的模型或方式。强调公、私、自愿组织之间的交换和互动。比如"行为者网络"、"自我管制机制"、"信任"、"习惯和惯

① 俞可平．治理与善治[M]．北京：社会科学文献出版社，2000：3.
② [英]格里·斯托克．作为理论的治理：五个论点[J]．华夏风，译．国际社会科学(中文版)，1999(2)：19-30.

61

例"、"非正式义务"等被用来描绘复杂的互动关系的实际运行。①

在我国，不同的学者群体对治理（Governance）一词也有各种不同的理解和译法。曾有人将 Governance 译为"管治"，但另一些学者认为"管治"在字面上仍给人以"政府主体"的感觉，易使人对其本质含义产生误解，因而将其译为"治理"更合适；有的学者则根据其功能和特质将其译为"协治"。在我国国内学者中，较早也被其他学者引用较多的是毛寿龙教授和俞可平教授两位学者对于治理的解释。毛寿龙教授在译介治理时指出：英文中的动词 Governance 既不是指统治（Rule），也不是指行政（Administration）和管理（Management），而是指政府对公共事务进行治理，它掌舵而不划桨，不直接介入公共事务，只介入于负责统治的政治与负责具体事务的管理之间，它是对于以韦伯的官僚制理论为基础的传统行政的替代，意味着新公共行政或者新公共管理的诞生，因此可译为治理。② 而俞可平教授认为，治理一词的基本含义是指官方的或民间的公共管理组织在一个既定的范围内运用公共权威维持秩序，满足公众的需要。治理的目的是在各种不同的制度关系中运用权力去引导、控制和规范公民的各种活动，以最大限度地增进公共利益。所以，治理是一种公共管理活动和公共管理过程，它包括必要的公共权威、管理规则、治理机制和治理方式。③

尽管以上国内外学者对于治理的解释各不相同，但是总的看来，其含义包括以下几点：首先，治理是一种较为模糊的概念，在不同的语境下有不同的含义，而其中以公共管理领域涉及最广。罗茨所总结的治理六种不同含义，其中有五种和公共管理相关，而这五种和公共管理相关的治理解释也会依据国家、新公共管理、善治、社会系统和组织网络的不同背景而变化。其次，在公共管理领

---

① Rose, N.. *Powers of Freedom*: *Reforming political thought*[M]. Cambridge University Press, 1999, 参见杨雪冬. 论治理的制度基础[J]. 天津社会科学, 2002(2): 43.

② 毛寿龙. 权力政府的治道变革[M]. 北京: 中国人民大学出版社, 1998: 7.

③ 俞可平. 全球治理引论[J]. 人大复印报刊资料, 2002(3): 4.

域，治理意味着为了实现公共利益最大化，相互依存的多个主体形成一种合作网络，共同分享公共权力。其中，政府的权力范围减小，角色从划桨转为掌舵，而民众和非政府组织则权利增大，角色由被动接受管理变为主动参与。最后，在实践治理的过程中，政府的掌舵角色意味着政府需要使用权力去引导和规范，这意味着尽管其不具备最高权力，但是在某种程度上它仍能够间接并调控各个主体所形成的这种治理网络，在其中起到"元治理"的作用。

据此，我们可以将"治理"放置在公共管理的领域下对公共治理加以界定，其内涵则可以概括为：公共治理是包括政府、市场、公民社会在内的多个相互依赖的主体，通过合作与协商，达成一致的共同目标并加以实现，从而最终实现对公共事务的管理。此界定有效剥离了治理一词中最初过于浓厚的经济色彩，将原本宽泛和抽象的治理概念限定在公共管理领域，并强调了治理的公共性，从而跨越了公私界限，摆脱了传统的公私二元分离单一思维模式，将公共事务中的参与各方有机统一起来，建立了一种相互依赖与多元合作的公共治理模式。

2. 公共治理的特征

以公共事务的复杂性、多样性以及公私领域的相互依赖关系为依据而产生的新型的公共管理理论，其核心观点是政府与公民、企业和非营利组织对公共事务的合作管理，是政治国家与公民社会的一种新颖关系，是二者的最佳状态。典型的公共治理至少包括下述几个方面的特征：

（1）公共治理的主体和权力中心由单一政府向多元主体转化。

传统的公共行政理论认为，在处理国家和社会事务方面，政府机构是唯一的权力中心。政府机构依靠其掌控的各种资源，向社会提供各类公共产品和公共服务。而这种单一主体和权力中心往往会导致政府权力的膨胀。公共治理理论认为，尽管政府机构在整个社会中依旧发挥着非常重要的作用，但是它不再是唯一的主体和权力中心。"治理意味着一系列来自政府但又不限于政府的社会公共机构和行为者。它对传统的国家和政府权威提出了挑战，政府并不是国家唯一的权力中心。各种公共的和私人的机构只要其行使的权力得到公众的认可，就都可能成为在各个不同层面上的权力中心。"①治理的主体发生变化，不再只是政府，还包括政府之外的市场和第三部门。正如奥斯本和盖布勒在《改革政府——企业精神如何改革着公营部门》一书中分析的那样，政府实现公共服务的方式将是掌舵，而不是划桨，权力核心将从一元走向多元。②

　　政府与市场和第三部门之间的关系，也不再是以前的控制与被控制、支配与被支配的关系，而是变为相互补充协作以及相互监督约束的关系。政府、市场和第三部门自身独特的资源和能力可用于补充政府治理的不足，有的甚至是政府所无法替代的。而这种相对于政府的独特优势也会构成一种对政府的潜在压力，督促提高其提供公共产品和公共服务的水平。从某种意义上说，政府以外的其他治理主体日益上升的作用，既是对政府作用范围和能力的有效补充，也是社会发展、民主发展的必然和目的。更重要的是，它从根本上解决了"大政府"的问题，在一定程度上解决了人们几千年所期望的"廉价政府"的愿望，向"小政府，大社会"迈出了坚实的一步。③

　　（2）公共治理的治理方式由集权转向民主合作。

　　多元化的公共治理模式强调社会公众对社会事务治理过程的参与和监督，认为每一个治理主体都有各自权利并承担其相应的责任。即管理社会以及提供公共产品和公共服务不仅仅是政府应该做的，而且是市场和第三部门应该承担的责任。在公共治理模式下，政府不是单独做出决策，而是与非政府组织和公民共同协商，使决策得以民主化、科学化，从而共同对公共事务进行有效管理。在公共治理的民主模式下，各个主体之间存在着一种权力依赖的关系，

---

　　① 转引自俞可平．治理与善治［M］．北京：社会科学文献出版社，2000：3.

　　② ［美］戴维·奥斯本，特德·盖布勒．改革政府——企业家精神如何改革着公营部门［M］．周敦仁，等，译．上海：上海译文出版社，1996：78.

　　③ 滕世华．治理理论与政府改革［J］．福建行政学院福建经济管理干部学院学报，2002（3）：40.

即参与公共管理活动的各个组织，无论是公共组织还是私人组织，都必须相互依赖，进行谈判和交易，在实现共同目标的过程中实现各自的目的，从而形成一种互动的过程。无论是公共组织还是私人组织都不拥有充足的知识和资源来独立地解决一切问题。在这种互动过程中，政府与其他社会公共机构存在着权力依赖关系，从而建立起各种各样的合作伙伴关系。①

此外，政府还鼓励市场和第三部门参与还公共产品和公共服务的提供，依据不同公共产品和公共服务的性质和特点，将其中一部分交由市场和第三部门来提供，从而提高了公共资源配置效率。公共治理模式下所实行的多元服务供给，实际上也是社会对行政的参与过程，是在一定程度上的"权力返还"，这一过程本质上是民主化的一种表现。

（3）公共治理的责任界限由清晰转向模糊。

在传统的公共行政模式下，公与私之间、政府与社会之间、政府与市场之间的责任界限非常明晰，管理公共事务的责任属于政府。而在公共治理模式下，公与私之间、政府与社会之间、政府与市场之间的责任界限实际上很难分清。它们之间的界限之所以变得模糊，是因为公共治理理论认为，随着社会的进一步发展和人们认识水平的不断提高，尤其是公共选择理论等相关政府学说的出现，使得人们对"政府的失败"之处认识得更加清楚，对于政府全面履行社会公共管理责任的能力已不抱过多的期望；与此同时，随着非政府组织和个人因其在公共管理领域的杰出表现和勇于承担公共义务的气魄而为世人刮目相看，部分公共责任便被转移到非政府组织和个人身上。② 即在公共治理模式下，政府将许多原来属于公领域的公共产品、公共服务和公共事务交由志愿团体、非营利性单位、非政府机构、社区企业、合作社、社区互助组织等各类非政府组织

---

① 邓伟志，钱海梅．从新公共行政学到公共治理理论——当代西方公共行政理论研究的"范式"变化[J]．上海第二工业大学学报，2005(5)：7.

② 丁煌．西方公共行政管理理论精要[M]．北京：中国人民大学出版社，2005：456.

提供和管理，由它们承担越来越多的以往由政府所承担的责任。

这些非政府组织和个人独立于政府体系之外，有自己的一套自我治理的程序，并且为一些公益服务。代表商业性的公共产品和公共服务的市场化组织以及代表公众的非营利组织参与其中，不仅优化了社会资源配置，还分担了政府的责任，提高了政府能力，改进了公共服务的供给质量和供给能力。公共治理打破了传统的两分法的思维方式，强调政府与社会的合作过程中，模糊公私机构之间的界限与责任，不再坚持政府职能的专属性和排他性，从而形成政府与社会组织之间的相互依赖关系。

（4）公共治理的结构由金字塔向网络结构转化。

在传统的公共行政理论中，权力主要遵循韦伯所设计的层级制控制体系自上而下地流动。在这种单一政府自上而下的控制的金字塔结构中，政府运用其权威，对社会事务实行单向度的控制。而在公共治理中则是多元主体互动的网络化结构，"治理意味着参与者最终形成一个自主的网络。这一自主的网络在某个特定的领域中拥有发号施令的权威，它与政府在特定的领域中进行合作，分担政府的行政责任。这种网络化公共管理通过自主合作，追求多元化和多样性基础上的共同利益"。①

在公共治理中，多元主体在各自利益、行为方式、目标和运行模式等方面不尽相同：以政府为主体，以权力运作方式，以满足公共需要为目的，来提供公共服务的权威型模式；以私人营利组织为主体，以市场交易方式，并以赢利为目的而提供公共服务的商业型模式；以营利组织、非营利组织或公民个人为主体，以慈善方式和以满足社会需要为目的而提供公共服务的志愿型模式。正是多元主体在多个方面的不尽相同，使得他们之间在处理公共问题时有着比较优势，因此他们在提供公共产品和服务时存在权力依赖，而这种权力依赖又让这三种模式相互交织在一起，产生了一种新的政府——社会之间的平等伙伴关系，最终形成了以信任、合作和互惠

① 格里·斯托克.作为理论的治理：五个论点[J].国际社会科学（中文版），1999(2)：25.

为基础的社会治理网络。

（5）公共治理的治理手段由单一转向多样化。

在传统的公共行政理论中，作为唯一的管理公共事务的主体，政府在行使社会管理时，以强制性的行政、法律手段为主，有时甚至是军事性手段，以实现对社会的强力控制。而在公共治理模式下，由于治理主体的多元化以及治理客体的复杂化，使得公共治理的手段和方式呈现多样化的特点：既实行正式的强制管理，又有行为体之间的民主协商谈判妥协；既采取正统的法规制度，同时所有行为体都自愿接受并享有共同利益的非正式的措施、约束也同样发挥作用。统治的典型模式是运用发号施令来达成目标，而治理模式则更强调各种机构之间的自愿平等合作。它认为办好事情的能力并不仅限于政府的权力，在公共事务的管理中还存在着其他的管理方法和技术，如合同外包、公私合作等，公共治理理论认为政府有责任采用这些新的方法与技术，以更好地对公共事务进行控制和引导，提高管理效率。

三、公共治理与我国和谐社会构建

改革开放以来，我国各项发展取得了前所未有的成就，综合国力大大增强，人民生活水平显著提高，这与我国政府所采用的"统治型+建设型"政府模式有关。在物质资料匮乏的改革开放初期，该模式适应了当时的需求。但是在发展的过程中，由于政府高度重视其经济管理职能，对其社会管理职能却未给予应有的关注，所提供的公共产品和公共服务不能满足社会需求。这种现象在改革开放初期并不突出，不过随着经济的快速发展，在人们的基本生活资料有了保障之后，公共产品和公共服务的缺失却日渐显现，并使得当前社会利益结构达到了较高的异变程度，呈现出明显的利益失衡状态。① 这种失衡表现为当前我国面临的两大日益突出的矛盾：一是经济快速增长同发展不平衡、资源环境约束的突出矛盾；二是公共

---

① 汪玉凯，黎映桃. 当代中国社会的利益失衡与均衡——公共治理的利益调控[J]. 国家行政学院学报，2006(6)：66.

需求的全面快速增长与公共服务不到位、基本公共产品短缺的突出矛盾。具体分析，这两大矛盾源于以下两个因素：

（1）制度安排缺失。这种制度缺失表现为三种情况：公共管理体制的缺乏、公共管理体制的不合理以及对于公共管理体制的不遵守。而这种制度缺失产生的问题主要包括三个方面：一是对于政府行政考核体系和指标的细化和统一化的制度安排，使得各级政府过分追求经济发展而忽视向民众提供公共产品和公共服务，或是所提供的公共服务未能满足社会需求。另外，这种忽略各地方优劣条件的统一考核指标体系也无法对各级政府的行政行为做出真正公平合理的评估；二是城乡二元机构及其制度安排，导致了中国农村公共产品长期不可持续有效供给、"三农"负担沉重、基层财政不可持续、基层治理软化、城乡经济社会发展失调以及农村社会不和谐等诸多问题；三是公共政策制定体制的不健全，导致弱势群体难以在公共政策制定中"缺席"，只能依靠政府和舆论为其说话。而弱势群体在公共政策制定中的参与性不足，也是导致社会不和谐的重要因素。我国政府行政公务支出的比例约3倍于美国政府，表明我国行政成本高昂。

（2）政府职能失衡。政府职能失衡是由政府作为公共管理执行主体的单一化和角色多元化而引起的。政府作为公共管理的唯一主体，在社会的各个领域中扮演着多重角色。它既作为推动经济发展和深化市场化进程的主导者，也是社会各利益群体的综合代言人，同时还是公共产品和公共服务的唯一提供者。正是执行主体的单一化和角色的多元化，使得政府职能失衡，即政府应该扮演的角色没扮演好，许多不应该做的工作的却由其来承担：

一方面是政府过于重视其经济职能，强调经济发展，而忽视了社会职能，所提供的社会管理和公共服务不足，投入不到位，与经济发展不协调。中国在基本民生方面的投入占GDP的比例世界最低，比非洲贫困国家还低。以2004年中美两国财政支出为例：我国用于行政公务支出的比例为37.6%，美国为12.5%；我国经济建设支出的比例为11.6%，美国为5%；我国用于公共服务和社会管理的支出总量为25%，美国为75%；用于其他支出的，我国和美国分别为 25.8% 和 7.5%。① 我国政府直接投资经济建设的支出约 2 倍于美国政府,表明政府直接充当市场主体的现象比较普遍。同时,政府用于行政公务和经济建设的开支比例偏高,无疑会产生对公共服务和社会管理方面投入的"挤出效应",致使我国政府用于这方面的投入仅为美国的 1/3;而民生投入和与之密切相关的社会保障、义务教育、公共卫生、住房改革,正是公共服务和社会管理的重要组成部分。

另一方面是政府作为公共管理体制的唯一执行主体,身兼多种角色,因而造成了市场和第三部门发育的普遍不足,而这又使得市场或第三部门无法提供其本身可以用更高效率提供的公共产品和公共服务,从而出现了政府部门的"越位"、市场"错位"与第三部门的"缺位"。政府职能"越位"、"错位"和"缺位"的直接影响是政府职能部门效率低下,执法成本加大,并且增加了社会矛盾,不利于社会稳定,从而影响经济持续健康、协调发展。此外,由于政府作为执行的唯一主体并身兼多职,也给监督机制的制度设计和具体执行带来困难。

以上这些因素引起了一系列社会不和谐现象。这些社会不和谐现象要求我们对政府行政模式进行改革,实现从传统的统治行政向服务行政的转化。它要求将思考角度从旧的统治与被统治、支配与被支配的管理模式,转变为开始思考包括政府在内的多元公共行政主体如何向公众提供服务。从而实现由过去的以政府为中心转为以满足公众需求,由过去的重管制、轻服务转为注重提供公共服务上来。由此可见,我国在进行行政体制改革,建设服务型政府与和谐社会时,公共治理模式无疑是一项较为合适的途径选择。

公共治理模式的内涵及特征本身就决定了它在建设和谐社会中起着促进作用。由于其主体和权力中心的多元化、治理方式由集权向民主转化、结构向网状结构转化,使得其与传统的行政模式相比,包含更多的行为主体、容纳了更多的利益诉求、政府社会之间

---

① 朱述古.基本民生投入世界最低说明什么[J].社会观察(上海),2006(9):59.

关系更为平等。以上诸多方面，均对解决当前不和谐因素起着积极作用。而在公共治理模式中利益表达主体的多元化和公共产品与服务供给的多元化这两个核心因素上，对于构建和谐社会的促进作用则更为明显。

首先，公共治理模式中利益表达主体的多元化有助于构建和谐社会。利益表达主体的多元化之所以重要，在于社会中如果没有正常的表达机制和表达途径，各行为主体没有参与公共治理的机会，这个社会就无法做到真正的和谐，它是社会和谐的一个显著特征。利益表达主体的多元化是实现社会公平的要求，公平正义是利益在社会成员之间合理的分配，它意味着权利的平等、分配的合理、机会的均等与司法的公正。一方面，通过利益表达主体的多元化使得各类社会主体都有机会表达自己的合理的政治意愿与利益诉求，实现了决策的民主化，从而实现社会公平；另一方面，有助于实现社会公共政策的正义性，实现社会利益的合理分配。此外，利益表达主体的多元化促进了决策的公开透明。

其次，公共治理模式中的公共产品与服务供给的多元化有助于构建和谐社会。公共治理理论的一个基本信念是：既然政府的力量可以弥补市场缺陷，纠正市场的失灵，那么，反过来也一样，即市场力量可以弥补政府的不足，防止政府的失败。[1] 公共治理理论认为，公共产品与服务提供的主体除了政府之外，还包括非政府组织、社区以及公民等。非政府组织、社区和公众与政府相比，有其自身优势，它们更易于接近服务对象，更能灵活地对服务对象的需求做出反应，更适合处理高风险的社会问题。因而从这个意义上来说，公共产品与服务供给的多元化有助于弥补政府机构提供的被动性和片面性以及低效率的不足，有效促进了和谐社会的构建。对于公共产品和公共服务提供的具体方式上，萨瓦斯提出了10种方式，包括政府服务、政府出售、政府间协议、合同承包、特许经营、补助、凭单、自由市场、志愿服务和自我服务。这些方式既可以单独

① 聂平平. 公共治理：背景、理念及其理论边界[J]. 江西行政学院学报，2005(10)：7.

使用，也可以联合运用，通过多样化、混合式和局部安排等方式来提供服务。每种服务方式的安排者、服务者和付费方式都不同。应该根据每种服务的排他性和消费特性将其进行分类，并通过不同的方式来提供。① 依据政府、市场、第三部门各自不同的优缺点以及相互之间的协调性决定采取何种供给方式，以达到效用的最大化。

从我国近年来的行政管理体制改革的实践来看，也正在朝着上述这些方向努力，并取得了一定的成效。具体表现在如政务公开、扩大基层民主、培育社会自治团体和机制以及加强社会监督等诸多方面。

第二节　公共治理与政府网站建设

如前所述，在当前全球化和信息化的时代背景下，政府所面临的公共问题变得日趋复杂和多元化，政府面对新的行政环境时无法再像过去那样只是单方面由上至下的行使权力，而是需要政府与社会力量之间的共同努力与合作，传统的强政府、弱社会，政府单独主治的局面实难解决日益增加和复杂的公共问题，政府部门已经不再是单一的治理者，它必须与公民、企业和非营利组织共同协作。

而政府网站则利用便捷的互联网平台和现代化信息技术，一方面建立"全天候"、"无缝隙"的网上政府，为社会公众提供广泛、高效、个性化的服务；另一方面则是建立了政府和公民、非营利组织之间的网上互动机制，公民、企业和非营利组织可以随时随地参与政府决策和治理。政府网站的建立，搭建起了政府与社会、公民互动合作的桥梁，增强了政府与公民、企业和非营利组织之间的相互沟通和信任，并得以最终建成一个新型的共同治理的共治型电子化政府。因此，政府网站建设的本质，"并不是单纯地把信息科技应用于政府和公共事务的问题处理，也不是如何应用信息技术来提供信息和电子服务，增进行政的效率问题，而是政府面对信息技术

---

① ［美］E.S. 萨瓦斯. 民营化与公私部门的伙伴关系［M］. 周志忍，等，译. 北京：中国人民大学出版社，2002：105.

所带来的新的社会典范的挑战，如何进行政府的再造，促进政府的转型，建立适应信息社会需要的新的政府治理典范，促进善治，实现善政的问题"。① 从这个意义上说，政府网站建设本身就体现了公共治理的思想，公共治理是政府网站建设的理论指导，政府网站是作为公共治理在信息时代的实践投影。

一、政府网站建设是实现公共治理的实践投影

作为公共治理的实践投影，政府网站建设体现了公共治理六个方面的要素：

1. 政府网站提高政府办事效率，体现了公共治理的有效性（Effectiveness）要素

有效性主要指管理的效率。它有两方面的基本意义，一是管理机构设置合理，管理程序科学，管理活动灵活；二是最大限度地降低管理成本。公共治理概念与无效的或低效的管理活动格格不入。公共治理程度越高，管理的有效性也就越高。② 而政府网站从政府流程再造和提供服务方式两方面着手，大大提高了政府办事效率，从而体现了公共治理的有效性因素。

政府要实现高效、方便、快捷的管理和服务，建立科学、合理的业务流程是关键。在传统模式下，政府机构一般按照职能和级别进行条块划分，从而使得各个部门之间分割独立，办公效率低下。而政府网站在设计办事流程时，改变传统的以自身需要为出发点的设计思路，以服务对象为中心，将传统的面向职能管理的组织设计转变为以面向业务流程管理的设计，从而大大提高了政府机关的办事效率。

此外，政府网站提供服务的方式较之以往也有质的飞跃。在传统的政府服务方式下，公众有任何需要申请办理的事项，都必须在

---

① 张成福. 信息时代政府治理：理解电子化政府的实质意涵[J]. 中国行政管理，2003(1)：14.

② 俞可平. 治理与善治[M]. 北京：社会科学文献出版社，2000：9.

规定的时间前往各政府各个机关现场进行办理，不但增加公众许多的不便，同时也耗费庞大的社会成本。而政府网站通过网络平台和信息技术，实现了跨功能跨部门的合作和协调，从而得以构建一个"全天候"、"无缝隙"的网上政府，使得公民在任何时间、任何地点都能够得到完整快捷的在线服务，从而大大提高了政府行政效率以及服务品质，这无疑体现了公共治理的有效性因素。

2. 政府网站促进政务信息公开，体现了公共治理透明性（Transparency）要素

透明性指的是政治信息的公开性。每一个公民都有权获得与自己的利益相关的政府政策的信息，包括立法活动、政策制定、法律条款、政策实施、行政预算、公共开支以及其他有关的政治信息。透明性要求上述这些政治信息能够及时通过各种传媒为公民所知，以便公民能够有效地参与公共决策过程，并且对公共管理过程实施有效的监督。透明程度越高，公共治理程度也越高。① 政府网站通过推动相关信息以及政府业务流程处理的公开化，可以加强对政府行政过程的监督，减少传统政务工作的暗箱操作，实现政府信息公开，能增强政府工作的透明性。

此处的透明性包含两层意义，第一层含义指的是政府信息公开。即所有公民、企业和非营利组织等公共治理主体都有权获得自身所需要的政府政策信息。而政府可以通过政府网站及时全面地公开各类政府信息并提供查询服务，从而使得公民、企业和非营利组织能够有效地参与公共治理过程，并对这一过程实施有效的监督。信息公开是民主政治的基础，也是开放政府的根本。正如美国行政伦理学库珀（P. Cooper）所指出的："一个民有的政府如果没有广泛的信息通道，或者公民没有得到这些信息的方法，那么，这个政府只能是一场闹剧或悲剧或者二者兼而有之的结果。"② 通过政府网站，政府信息除个人隐私、商业秘密、国家机密等不宜公开外，依

---

① 俞可平. 治理与善治[M]. 北京：社会科学文献出版社，2000：9.
② P. Cooper. *Public Administration*[M]. Prentice Hall，1989：311.

其性质向社会、组织、企业公开使用，不仅可促使政府信息加值利用，更重要者，便于社会大众、新闻媒体监督政府施政，起到透明和公开的作用。实践证明，网上招标、网上采购等对于促进政府建设有着重大的作用;① 透明性的另外一层含义则是指公共治理过程中政府、公民、企业和非营利组织等多个主体之间信息的公开和沟通。通过政府网站这个网络平台和互联网信息技术，使得政府、公民、企业和非营利组织等多个治理主体之间经由 G2C、G2B 和 G2G 运行模式进行信息的交流与沟通，通过政府网站所提供的诸如 BBS、电子邮箱、留言板、在线访谈和网上调查等多种渠道实现互动。政府通过政府网站推行政务信息公开，并在政府网站"前台"服务中通过与公民、企业和非营利组织的直接在线交流充分考虑市民的需要，提高政府服务质量;在政府网站"后台"中广泛听取公民、企业和非营利组织的意见和建议以供决策之用。公民、企业和非营利组织通过政府网站积极参与公共治理，充分表达自己的意愿，最终达成政府、公民、企业和非营利组织之间的信息沟通和良性互动，形成了通畅的治理协调机制，促进了公共治理的实现。

3. 政府网站提供在线办事多渠道互动，体现了公共治理回应性(Responsiveness)要素

回应性是公共治理的重要因素，它是指公共行政人员和管理机构必须对市民的要求做出及时地和负责地回应，不得无故拖延和没有下文。在必要时还应当定期地、主动地向市民征询意见、解释政策和回答问题。政府回应程度越高，治理的良好程度也就越高。② 政府网站在下面几个方面体现了公共治理的回应性要素：

政府网站的在线提供办事服务增强了政府的回应性。通过信息与互联网技术，政府网站具备了在线办事功能，打破时空和物理阻隔，使得公众在家即可享受"全天候"、"一站式"的办事服务，摆

① 张成福. 电子化政府：发展及其前景[J]. 中国人民大学学报，2000(3)：6.

② 俞可平. 治理与善治[M]. 北京：社会科学文献出版社，2000：9.

脱了某些政府部门存在的"脸难看、事难办"的尴尬和无奈，推动了政府办事方式和流程的改革，增强了政府的回应性。具体来说，政府网站通过 BBS、电子邮箱、留言板、在线访谈和网上调查等多种渠道，政府与公民、企业和非营利组织得以建立一个及时、有效、畅通的意见建议沟通路径和反馈机制。政府网站的这些沟通渠道一方面借助网络的快速传递大大减少了市民反馈信息的传递时间，另一方面由于借助了政府网站这个平台使得公民和政府部门可以在线沟通和交流，提高了信息的保真率。通过政府网站可以使意见和建议快速、多渠道地及无失真地从前台的政府网站集中到政府网站后台的信息处理中心，并通过 G2G 模式传递给政府的各个相应政府部门，从而能够对相关意见和建议做出及时有效的政府回应。

4. 政府网站促进多种公共治理主体有效参与公共决策，体现了公共治理的合法性（Legitimacy）要素

公共治理中的合法性要素指的是社会秩序和权威被自觉认可和服从的性质和状态。它与法律规范没有直接的关系，从法律的角度看是合法的东西，并不必然具有合法性。只有那些被一定范围内的人们内心所体认的权威和秩序，才具有政治学中所说的合法性。合法性越大，公共治理的程度便越高。取得和增大合法性的主要途径是尽可能增加公民的共识和政治认同感。所以，公共治理要求有关的管理机构和管理者最大限度地协调各种公民之间以及公民与政府之间的利益矛盾，以便使公共管理活动取得公民最大限度的同意和认可。① 取得和增大合法性的主要途径是尽可能增加公民和企业、非营利组织等多种主体的共识和政治认同感。通过政府网站建设，构造多种交流和参与机制，使得公民、企业和非营利组织等多种主体对于政府决策的参与度以及对于政府政策的认可度不断提高，从而提高了公共治理的合法性。

从政府网站对于增强公民、企业和非营利组织的参与性来说，

---

① 俞可平. 治理与善治［M］. 北京：社会科学文献出版社，2000：9.

其作用表现在以下三个方面：首先，政府网站从根本上改变了政府与公民、企业和非营利组织的信息不对称现象，从而为公民、企业和非营利组织参与公共治理提供了良好的环境。政府网站的建立，使得政务信息的发布有了畅通的渠道。在政府网站发布的政务信息具有全面、实效、准确以及完整性的特点，因而使得公民、企业和非营利组织可以掌握最新、最准确和最完善的政府信息，避免了因为信息不对称而出现的非理性行为，提高了参与的有效性。通过政府网站所发布的公共治理能增加公民、企业和非营利组织等多个治理主体的参与性。其次，在政府网站所提供的平台上，只要具备相关的上网知识和设备就可以平等地参与到公共管理中来，而不需要考虑其政治面貌、社会地位以及文化程度。在这种参与机制中，各类参与者在其中都具有同等的地位和背景，能够真正实现公众平等的参与公共管理，这对于各类参与者无疑具有极大的激励作用，提高其参与的积极性。最后，政府网站为公民、企业和非营利组织提供了包括 BBS、电子邮箱、留言板、在线访谈和网上调查等多种参与渠道。从公众的角度来看，政府网站的这些渠道和传统的参与方式相比，能够使信息以不受时空阻碍乃至政治整合的互动型媒介方式进行传递，使人们在感知与介入世界方面获得了前所未有的痛快淋漓的感觉，它甚至提高了人们参与政治的兴趣。①

5. 政府网站提供民主监督和沟通协商平台，体现了公共治理的责任性(Accountability)要素

责任性指的是人们应当对自己的行为负责。在公共行政中，它特别地指与某一特定职位或机构相连的职责及相应的义务。责任性意味着管理人员及管理机构由于其承担的职务而必须履行一定的职能和义务。没有履行或不适当地履行他或它应当履行的职能和义务，就是失职，或者说缺乏责任性。公众，尤其是公职人员和管理机构的责任性越大，表明公共治理程度越高。在这方面，公共治理

① 刘文富. 网络政治——网络社会与国家治理[M]. 北京：商务印书馆，2002：252.

要求运用法律和道义的双重手段，增大个人及机构的责任性。①

从政府网站在增强公共治理的各个主体的责任性来说，其作用表现为以下两个方面：首先，作为社会中最大的信息拥有者以及各类法规和政策的制定者，政府相对于公众来说它处于信息强势地位。在传统的行政活动中，信息公开渠道的缺乏，使得公众无法全面和及时了解相关政务信息，无法对政府的行政活动进行有效监督，这就造成了政府责任感的缺失，并成为暗箱造作和寻租现象的发生的原因之一。而通过政府网站的建设，使得政务公开有了便捷有效的平台，公众可以迅速全面了解政务信息，从而增强了政务信息的透明度。公众通过政府网站行使自己对于政府的民主监督权利，督促其认真负责地履行其职责，完成提供政务信息和相关服务，从这个角度来看，政府网站无疑大大增强了政府这个的责任性。其次，作为公共治理主体的互动平台，政府网站使得包括政府、个人、企业和非营利组织在内的各个治理主体在实施治理的过程中进行沟通协商，可以使得各自明确其自身权利和职责，并形成各负其责、互动合作、相互制衡的有效的治理机制。

6. 政府网站通过信息公开和在线参与，体现了公共治理的法治性(Rule of Law)要素

法治的基本意义是，法律是公共政治管理的最高准则，任何政府官员和公民都必须依法行事，在法律面前人人平等。法治的直接目标是规范公民的行为，管理社会事务，维持正常的社会生活秩序；但其最终目标在于保护公民的自由、平等及其他基本政治权利。从这个意义说，法治和人治相对立，它既规范公民的行为，但更制约政府的行为。法治是公共治理基本要求，没有健全的法制，没有对法律的充分尊重，没有建立在法律之上的社会秩序，就没有公共治理。②

政府网站在增强公共治理的法治性主要表现在两个方面，这两

---

① 俞可平.治理与善治[M].北京：社会科学文献出版社，2000：9.
② 俞可平.治理与善治[M].北京：社会科学文献出版社，2000：9.

个方面与第二点的透明性和第五点的责任性密切相关。首先，政府网站通过在网络平台上发布相关法律法规和规章制度，据此规范公众行为。政府网站的信息发布具有全面、多维以及权威性等特点，使得政府网站成为一种新的法律法规和规章制度发布模式，如大众对于具体法规和规章制度有了解需要，还可直接在相关网站搜索获得。网络的普及速度和使用的便利性，使得这种新的发布模式其效果将远远好过普通发布模式。其次，政府网站的公开和透明性，使得公众可以通过政府网站的政务信息的公开目录和请求公开以及网络论坛、领导信箱等各种参与渠道对各类违法行为加以监督及举报，从而得以实现对违法公民和政府的制约，体现了公共治理的法制性要素。

二、公共治理论是政府网站建设的理论指导

1. 公共治理理论要求政府网站建设以公众为中心

如前所述，公共治理理论认为，政府不再是公共管理的唯一主体和权力中心，包括公民、企业和非营利组织等多种公共治理主体都在提供公共服务以及公共决策中扮演着重要角色。过去公共管理领域基本由政府部门掌控，而在公共治理中则是由多种主体进行分担。因而，作为公共治理实践投影，政府网站建设也要改变那种以政府各个层级和各个部门为出发点进行网站建设的"官本位"思想，把政府定位于服务者的角色，通过以公众为中心的政府网站建设，形成一个高效、外放、透明的网上政府，加速政府由"管理型政府"到"服务型政府"的转变。

首先，政府机关应树立以公众为中心的服务理念，并强化政府网站作为政府实现政务信息公开、服务企业和社会公众的重要渠道的思想，提高政府网站在政府服务效能中的地位。其次，在进行网站的管理和建设上，应当以公民、企业和非营利组织的需求以为导向进行信息和内容的整合，由以往的信息聚合模式向信息个性化订阅方向发展，迎合不同人群的特定需求。在栏目的设置过程中，以公众的办事流程作为设置栏目的依据，对涉及多个机构的办理事项

进行集成，提供"一站式"服务，政府在网上。

2. 公共治理理论要求政府网站加强公众的参与和回应机制

公共治理理论认为，政府、公民、企业和非营利组织都是平等的公共治理主体，相互之间是一种合作、互益与一体的关系，以实现公共利益最大化作为其目标，并且通过公民、企业和非营利组织对公共事务的参与和互动来共同完成。在责任共同承担的前提下，政府和公民、企业以及非营利组织在充分的沟通与利益协调下，达到共赢的结果。① 即公共治理理论强调公民、企业和非营利组织在公共事务管理中的参与性，要求通过公民参与的介入，唤起普遍的公民意识，包括对于制度与政治设计都要融入公民化的未来发展。与此同时，作为传统公共管理主体的政府部门也需要加强对于其他多元主体的回应，从而在政府和它们之间建立起一种平等合作的共治网络。

为此，作为公共治理理论的实践投影的政府网站建设，需要提升民众在其中的参与度，以求在多种治理主体之间达成共识。因而对于政府网站来说，需要加强和完善自身的意见和诉求表达机制建设。一方面，政府网站需要增加意见和诉求表达的渠道，除了当前政府网站中常用的电子邮箱、在线调查、留言板以及公众论坛等多种方式外，还要利用最新信息技术如手机上网、呼叫中心等其他途径，及时有效地将公民、企业和非营利组织的意见和要求传递给政府相关部门；另一方面，政府网站还需要加强回应建设。缺乏回应的表达机制无法实现多个主体最终达成共识的目的。因此，对于通过政府网站各类渠道所收集上来的公众意见，政府各部门需要在一定期限之内给予公众满意的答复，使得意见和诉求表达机制真正有效。更为重要的是，政府网站还需要对存在传统政府各部门之间的原有结构和行政流程进行再造，利用信息和互联网技术改变传统的

---

① 李图强．现代公共行政中的公民参与[M]．北京：经济管理出版社，2004：192．

政府组织形式，使行政程序简单化和统一化，使得政府机构与公民、企业以及非营利组织之间的互动变得更加便捷通畅。

3. 公共治理理论要求政府在政府网站建设中发挥重要作用

公共治理理论在提出公共治理的主体多元化的同时，对于政府在其中的"元治理"角色也进行了定位。即在社会公共管理网络中，虽然公共权力和权威由包括公民、企业和非营利组织在内的多元主体所共享，已经不再被政府所单独垄断。但是政府仍然承担着建立指导社会组织行为主体的大方向和行为准则的重任，它被视为"同辈中的长者"，特别是在那些"基础性工作"中，政府仍然是公共管理领域最重要的行为主体。①

因而，作为政府网站来说，尽管其作为公共治理的平台，政府、公民、企业以及非营利组织在其中都是平等的治理主体，彼此之间是一种互动的伙伴关系。但是就政府在公共治理中的"元治理"角色而言，政府则还应在其中发挥更大的作用。这种主导作用表现在以下几个方面：首先是政府需要建立强有力的领导机构，以促进政府网站快速发展。为此，在政府网站主管部门中，设立专门管理机构是促进网站建设快速发展的关键。其次，制定统一的政府网站建设标准和规范。管理部门制定各级网站应该遵循的共同准则，如建立政府网站标准，提出网站设计基本要求等，以促使各政府网站之间的协同。最后，需要构建系统统一平台，对于下级部门网站按照政府网站建设总体规划和具体规范要求组织实施，为建立政府网站群创造条件。

第四章　基于公共治理理论的政府网站评测模型的构建与评测

　　根据第三章中对于公共治理与政府网站二者关系的研究得出以下结论，即政府网站建设是公共治理理论的实践投影，公共治理理论是政府网站的理论指导。而本章首先将对国内外政府网站评估方法和评估指标体系进行梳理和总结，然后在此基础之上，以前一章中得出的二者关系为依据，构建政府网站评测模型，并对我国政府网站建设进行评测，以此对我国政府网站发展进程加以了解，清楚地认识我国政府网站建设中存在的问题。

第一节　国内外政府网站评估研究

　　政府网站评估研究的关键在于选择合理的评估方法，构建科学的评估指标体系。这不仅有助于对现有的政府网站进行评估，而且还能够发现政府网站建设的不足，借以指导政府网站的建设。国内外众多专家学者、政府部门以及第三方机构运用各种方法构建了不同的评测模型，针对国家、地方政府（包括州、省、市、县级政府）网站开展了不同层次的评估研究。

一、政府网站评估方法

1. 用户评估法与专家评估法

用户评估法与专家评估法是基于不同的评估主体而对政府网站

进行评估的方法，Schriver① 和 Sweeney② 等对此做了区分：在用户评估法中，一个网站的可用性测量是指：通过从目标用户群中选择若干潜在用户，对其进行调查来获取相关数据和结论。常用的工具是 Think-Aloud 可用性测试，即目标用户带着真实用户的任务使用网站，并在此过程中描述他们的感受。而专家评估法是让具有相关专业知识（例如，他们会关注主题、媒介或者目标受众）的专家们评估网站的可用性和有效性。这两种评估方法都有利于对网站的质量做出评估，但是用户评估法更有利于评估网站的用户友好程度。

Kantner 和 Rosenbaum③ 对这两种评估方法给出了一个使用顺序：先使用专家评估法，以收集较易检测到的可用性问题；然后使用用户评估法，用于发现真正难以发现的可用性问题。然而，在实际使用中，由于成本问题和操作上的难度，人们倾向于使用专家评估法来评估网站质量。

2. 层次分析法（AHP）

层次分析法（AHP），④ 就是在对网站进行深入分析的基础上，统筹考虑网站的各种指标属性，根据网站特性，建立待评对象的递阶层次结构模型的一种评估方法。层次分析法的基本思想是先按问题的要求设立目标层、准则层、方案层（指标层），在此基础上建立起一个描述系统特性的递阶层次结构，通过两两比较指标的相对

---

① Schriver K A. *Evaluating text quality*: *The continuum from text-focused to reader-focused methods* [J]. *IEEE Transactions on Professional Communication*, 1989，32(4): 238-255.

② Sweeney M，Maguire M，Shackel B. *Evaluating user-computer interaction*: *A framework* [J]. *International Journal of Man-Machine Studies*，1993，38(4): 689-711.

③ Kantner L，Rosenbaum S. *Usability studies of WWW sites*: *heuristic evaluation vs. laboratory testing* [C]. Snowbird，Utah. Proceedings SIGDOC Conference 1997: 153-160.

④ 刘赞宇，赵代英，孙静. 电子政府网站评价体系构建[J]. 吉林工程技术师范学院学报，2008(2): 79.

重要性，给出下层某指标对上层相关指标的权重判断矩阵。

具体来说，首先，选择适当的指标以建构综合评估指标体系。用统计分析技术来选择指标，可以在很大程度上降低主观随意性。其次，加权问题是建立政府网站综合指标体系时的另一个明显问题。在建立评估指标体系后，应为每一个评估指标制定具体的标准和统一的计算方法。通过上述方法选取出来的指标在经过处理变成各种单个指数后，需要以各种方式加以综合，才能最后得出最终所需要的评估综合指数。

层次分析法是一种被广泛应用的构建网站评估指标体系的综合方法，但其局限性在于表现的结果只是针对准则层中评估因素而言，人的主观判断对于结果的影响较大。

3. 德尔菲法(Delphi Method)

德尔菲法可用来确定政府网站绩效评估指标体系的构成及其权重的分配，指通过匿名方式征询有关专家的意见，对专家意见进行统计、处理、分析和归纳，客观地综合多数专家的经验与主观判断的技巧，对大量非技术的无法定量分析的因素做出合理估算，经多次反复进行后对所调查内容进行确定的方法。① 德尔菲法适用于存在诸多不确定因素、采用其他方法难以进行定量分析的情况，而政府网站绩效评估指标体系的构建具有类似特点。

德尔菲法包括以下几个步骤：

(1)不记名投寄征询意见。在此步骤就调查内容写出若干条问题，制定统一的评估方法，然后将这些问题送给所选的相关专家，背对背地征询意见。

(2)统计归纳。在此步骤里就前面部分所提的问题收集各位专家的意见，然后对每个问题进行定量统计归纳。通常用所征询意见结果的中位数反映专家的集体意见。

(3)沟通反馈意见。在此步骤里将统计归纳后的结果再反馈给

① 刘利兰. 市场调查与预测[M]. 北京：经济科学出版社，2001：132-138.

专家，每个专家根据这个统计归纳的结果，慎重地考虑其他专家的意见，并提出自己的意见。然后，对收回的第二轮征询的意见，再进行统计归纳并反馈给专家。如此多次反复，一般经过三四轮，最终取得较集中、一致的意见。

4. 综合评估法

综合评估法即综合运用多种方法搜集和分析所需要的数据，诸如专家评测、用户评测、自动评测和 Web 站点管理员评测等多种数据，在综合评估法中，专家测评用来评估网站的可访问性；用户测评从用户的角度体验通过网站获取信息；自动测评用于判断以上这些评估工具是否真的有效以及它们在多方法评估过程中所起的作用；Web 站点管理员评测则是从开发者的角度评估网站。通过以上评测，可以用多视角的多类数据对政府网站进行全面分析，互为补充。

5. 平衡计分卡评估法(BSC)

平衡计分卡评估法是从原本用于衡量企业经营业绩的财务与非财务系统演变而来的一种方法。该方法试图从定量和定性两个角度综合评估信息系统的应用效益，属于一种半定量的方法，主要表现为战略、顾客(通过网站获得服务的公众)、业务流程、学习与创新这四个维度。而在这四个维度中，政府网站的战略目标就是提高政府信息服务水平和行政效益，降低成本等，体现这一目标的关键指标主要有两个：在线服务和社会成本。而顾客维度的关键指标则包括网站的价值度、用户满意度、用户保留度。网站的业务流程指标包含网站栏目清晰度和办事程序容易度两个指标。关于政府网站学习与创新角度的指标体系包括开发者的技能、IT 人员管理的有效性等两方面的内容。

对于这些维度的各个指标，还需要通过层次分析法确定其权重，即在第一步确立平衡计分卡的内容框架和具体业绩衡量指标的基础之上，进一步发放调查表进行调查，要求调查对象对平衡计分卡的各个方面及各个指标的重要性进行两两比较，然后根据比较结果以九级分制对各个指标进行赋值。然后根据有关的历史数据对设定的各项指标进行计分，反映出网站战略、顾客、业务流程、学习与创新等四个方面的业绩状况与发展趋势以及网站的总体业绩状况与发展趋势。

唐荣林运用平衡计分卡评估法对"湘潭在线"网站绩效进行了实证分析。在实证分析过程中，他首先依据平衡计分卡进行问卷调查，通过设计详细的调查问卷，收集一些有代表性的数据，并对数据进行了权重计算，进而对"湘潭在线"绩效情况开展了具体的测评，并在分析测评结果的基础上提出了政府网站绩效优化的建议。①

6. 公众可获得性评估法

公众可获得性评估法是通过公众可获得实现度（Acquired Realization, ACR）指标对政府网站进行评估的一种方法。公众可获得实现度是指政府网站提供的政府信息及其服务被公众所获得的程度。公众可获得实现度主要包括以下四个指标：体现政府信息发布的政务信息可获得性（Government Information Acquirement, GIA）、反映政府信息服务的政府单向服务可获得性（Government Single Service Acquirement, GSS）、政府双向服务可获得性（Government Double Service Acquirement, GDS），以及政府站点可获得性（Government Websites Acquirement, GSA）②。

上述四个指标所针对的各项评估内容各不相同：政务信息可获得性主要针对政府网站中静态发布的信息进行评估，以测定链接是否可用、内容是否充实。主要包括四个方面的内容：本地概览、政府公报、政策法规及政府新闻。政府单向服务可获得性主要包括政府导航服务、办事流程的公开、导航服务开通站内检索和机构链接

---

① 唐建林. 基于平衡计分卡的政府网站绩效测评［D］. 湘潭大学硕士学位论文，2007.

② 胡德华，郑辉，刘雁书. 我国政府网站可获得性评价研究［J］. 图书情报工作，2007(5)：91.

的设置，属于单项互动的阶段，主要是测定其服务是否设置及是否可以应用。政府双向服务可获得性主要测定公众反馈栏目的建设，属于简单的双向互动，主要调查是否设置这种服务，包括政府信箱、BBS、留言板等。其中，政府信箱主要是市长信箱、监督信箱类的栏目设置，目的是与公众近距离接触，接受民众的监督。政府站点可获得性是指站点的可用性，在同一时间打开政府网站站点，查看网络连接情况是否正常。这项指标是进行其他测定的基础。

胡德华等运用上述四个方面的各项指标对我国 43 个政府网站的公众可获得性进行全面、系统的评估和比较，认为我国政府网站的公众可获得性仍处于中等水平且发展不均衡，特别是双向互动服务的公众可获得性仍存在较大差距。

7. 链接（Link）分析和网络影响因子（Web Impact Factor，WIF）测度法

链接分析和网络影响因子测度法是从网络信息计量学出发，通过网站被链接的次数（尤其是外部链接数）反映该网站的质量。其评估依据是，一个网站被另一个网站所链接是对网站的赞许和利用，而且两者的内容是相关的；一个网站的外部链接数越多，其影响力就越大。据此，网络影响因子测度以链接分析为基础，以网络影响因子的大小来反映网站的影响力大小。Inwgresen 在《网络影响因子的计量》一文中提出了网络影响因子的计算方法：假设某一时刻链接到网络上某一特定网站或区域的网页数为 a，而这一网站或区域本身所包含的网页数为 b，那么其网络影响因子的数值可以表示为 $WIF = a/b$。通过此公式可得知，网站的网络影响因子越高，其影响力越大、知名度越高。①

沙忠勇与欧阳霞运用链接分析和网络影响因子测度法对我国

---

① Ingwersen P. *The calculation of web impact factors* [J]. *Journal for Documentation*, 1998, 54: 236-243.

26 个省级政府网站的影响力做了评估,① 该评测模型包含总链接、站外链接、站内链接、政府站外链接、商业站外链接、各类网络影响因子、网站访问量以及各地区信息化水平总指数等多项考察指标。同时,将链接分析结果和网络影响因子测度结果与各省市自治区信息化水平测度结果进行比较,探索它们之间是否存在有意义的相关关系,以便对链接分析和网络影响因子分析在网站评估方面的应用效能和边界条件进行验证和探讨。

二、政府网站评测模型

当前许多学者和研究机构已经对政府门户网站的评估指标提出了不同标准的测评体系,但都还未能形成统一的测评体系。尽管如此,对这些体系的认识,依然可以为我们建立公共治理型的政府网站评测模型提供重要的参考依据。

1. 国外学者与研究机构构建的政府网站评估指标体系

(1)国外学者构建的政府网站评测模型。Kristin 提出了联邦政府网站的评估指标体系,分为信息内容标准和易用性标准两个一级指标(见表 4-1),其下又细分为二级和三级指标,共计 66 项,指标详细且繁多。② 其中包括站点概况、站点范围、对站点提供的信息和服务进行描述;内容和链接符合受众需求;清晰和一致的语言风格,与用户风格相匹配;最近三个月内是否有更新;标题清楚易懂;没有打印、拼写及语法错误;没有废弃链接;在主页和重要页面上有联系方式;网站的格式统一、导航选项独特明显等。

Hernon 对美国联邦政府和新西兰国家政府网站做了比较,探讨两国政府网站在利用互联网向公众提供信息和其他资源方面的异同,并根据新西兰政府网站的特点,提出了政府网站评估的框

---

　　① 　沙勇忠,欧阳霞. 中国省级政府网站的影响力评价——网站链接分析及网络影响因子测度[J]. 情报资料工作,2004(6):17-22.

　　② 　Kristin R E. *Assessing U. S. federal government websites*[J]. *Government Information Quarterly*,1997,14(2):173-189.

表 4-1　　　　　　　Kristin 建立的政府网站评测模型

	一级指标	二级指标
联邦政府网站评测模型	信息内容标准	站点导向型
		内容
		时效性
		文献控制
		服务
		准确性
		隐私性
	易用性标准	链接质量
		反馈机制
		可接入性
		设计
		可导航性

架。① 该框架包含的 11 条原则分别是：可获得性、信息覆盖率、定价(依政府网站传播信息的成本而定)、所有权、信息管理能力、信息收集、版权、信息保存、信息质量、合法性以及隐私权等。

　　Baker 对美国 30 个人口众多地区的政府网站的可用性进行了评估。评估围绕 6 个维度展开，它们分别是在线服务、用户帮助、导航、合法性、信息构建和可访问的深度。结果表明，这 6 个维度能够用于评估政府网站对用户的可用性②。

　　① Hernon. *Government on the web*: *A comparison between the United States and NewZealand*[J]. *Government Information Quarterly*, 1998(15)：419-443.
　　② Baker. *E-government*: *Web site usability of the most populous counties*[EB/OL]. [2008-12-10]. http://proquest. calis. edu. cn/umi/detail _ usmark. jsp? searchword = t _ title% 3DWebsite + usability + of + the + most + &singlesearch = no&channelid = %CF%B8%C0%C0&record = 1.

（2）国外研究机构构建的政府网站评测模型。从 2001 年开始，布朗大学的公共政策研究中心（Taubman Center For Public Policy at Brown University）对世界 190 多个国家和地区的 2000 多个政府网站进行了整体评估，网站类型包括最高行政机关网站（如总统、总理、统治者、党的领导人或王室）、立法机关网站（如国会、议会、人民代表大会）、司法机构网站（如最高法院）、内阁网站，以及其他主要政府职能机构网站，包括外交、经济发展、内务、税收、教育等。州政府、区域政府、地方政府等低于国家级政府的网站不在本次研究范围之内。

布朗大学全球政府网站评估以政府网站面向公众的各项功能为主要对象进行评估分析。这些功能指标涉及信息的实用性（Information Availability）、服务递送（Service Delivery）和公众访问（Public Access）的各种特征。对于这些指标，布朗大学的专家创造出一个百分制电子政府指数，给这 190 多个国家打分并按分数高低排序。具体如下：给 22 个指标分别分配 4 分，共 22×4 = 88 分。这 22 个指标分别是：电话联系信息、地址、在线发布、在线数据库、外链接至非政府网站、音频插件、视频插件、外语翻译、有无商业广告、用户是否需要付费、残障人士访问、有私隐条款、有安全条款、主题索引、有在线服务、交易时允许数字签名、有信用卡支付选项、电子邮件、搜索功能、留言簿或聊天室、事件广播、自动电邮更新。此外，如果一个网站有链接至政务门户网站，将得到 6 分，最后的 6 分分配给网站里可在线实施的业务个数。1 项在线服务 1 分，2 项在线服务 2 分，依次类推，5 项在线服务 5 分，6 项或以上在线服务 6 分。这样满分一共是 100 分。每一个国家所有网站的评分的算术平均值为这个国家政府的得分。

美国新泽西州立罗格斯大学电子治理研究所与韩国成均馆大学所构建的全球政务网站评测模型中，指标分为四大类，即可用性、内容、服务和公民参与，其中每大类中又分为若干指标内容（见表 4-2），以此为依据进行评测。

表 4-2 美国新泽西州立罗格斯大学电子治理研究所和韩国成均馆大学
全球电子政策电子政府研究所的评估指标体系①

隐私/安全	可用性	内容	服务	公民参与
有隐私保护或安全陈述/政策	主页长度，页面长度	关于政府机关位置的信息	支付公用设施费用、纳税、罚款	评论和反馈
资料收集	目标受众	外部链接列表	申请执照	时事通信
个人信息使用选项	导航条	联系信息	在线跟踪系统	在线公告板或聊天能力
第三方公开	网站地图	公共会议记录	许可证申请	
回查个人资料记录的能力	字体颜色	城市法律法规	电子获取	在线政策议题论坛
管理方法	窗体	城市特权或优惠政策	财产权评估	电子讨论会议列表
加密技术的应用	搜索工具	使命陈述	可搜索的数据库	
安全可靠的服务器	网站的更新	预算信息	申诉	
"cookies"的应用或"网络指引"		文件、报告或书籍(发行)	公民申请的公告板	在线调查/民意测验
隐私权政策的告知		GIS能力	常见问题解答	同步视频
咨询所需的联系方式或电子邮件		突发事件管理或应急机制	邀请信息	公民满意度调查
公共信息直达某限定区域		残疾人的访问	重要城市首页用户化	工作标准或基准
雇员的非公共信息可使用权		无线技术	秘密信息在线访问	
		多语种访问	买票	
数字签名的使用		人力资源信息	网络管理人员的回应	
病毒检查功能		事件日历	违反法律法规的报告	

① *Digital Governance in Municipalities Worldwide—An assessment of municipal web sites throughout the world* [EB/OL]. [2008-12-15]. http://www.andromeda.rutgers.edu/~egovinst/Website/summary.htm.

世界著名咨询公司埃森哲(Accenture)连续三年考察了全球23个国家和地区的电子政务发展状况,并于2002年通过调查、分析世界上一些有代表性国家或地区的政府门户网站,提出了一套电子政务评估指标体系(见表4-3)。该体系将169项政府网上服务项目

表4-3　　　　　**2004年埃森哲电子政务评估指标体系①**

一级指标	二级指标	三级指标
总体成熟度	服务成熟度(70%)	服务成熟度的广度
		服务成熟度的深度
	客户关系管理(30%)	洞察力
		交互性
		组织执行力
		客户贡献度
		关联度

作为评估指标,并将之分为:保健与人类服务、司法与公共安全、国家财政收入、教育、运输与车辆、管制与参与、采购、邮政等。此外,它还提出根据得分的情况,用服务成熟度和客户关系管理(由2002年以前的递送成熟度更名而来)两项指标衡量和评估政府网站。埃森哲公司根据两种成熟度的情况,将政府网站提供电子服务的能力由高到低划分为4种类型:①创新领袖(Innovative Leaders)类型,即在公共服务电子化方面远超出其他国家和地区,包括加拿大、新加坡、美国,其总体成熟度都超过50%;②有理想的追随者(Visionary Followers)类型,即基于公共服务电子化方面的坚实基础而显出强劲的发展势头,包括丹麦、德国、爱尔兰、中国香港、法国等国家和地区,总体表现成熟度为40%~50%;③稳固的成就获得者(Steady Achievers)类型,即逐步显示出公共服务电

---

① 杨锐.电子政府评价体系评述[J].评价与预测,2006(8):162.

子化的服务宽度，包括比利时、西班牙、日本、新西兰，总体表现
成熟度为 30%~40%；④平台建设者（Platform Builders）类型，即公
共服务电子化程度较低，在相互合作、横跨机构的政府网站建设方
面尚需努力，包括葡萄牙、巴西、南非、意大利、马来西亚、墨西
哥等。①

2. 国内学者与研究机构构建的政府网站评估指标体系

（1）国内学者构建的政府网站评估系统。朱庆华等②首先通过
网上德尔菲法（Delphi Method）进行专家调查并确定了政府网站评估
的指标体系（见表 4-4），其中 5 项一级指标包括信息内容、网站设
计、网站功能、网站影响力和网站安全。然后将一级指标再分解为
22 项二级指标，并对其各项分别加以权重指数。从一级指标的权
重分配来看，信息内容排第一位，网站功能排第二位。二级指标
中，信息公开、交互功能和检索功能具有较高的权重，说明了政府
网站作为政府网络面向民众的窗口，需要进一步完善信息公开、政
务公开的体制，并且应该为民众在网上与政府交互提供更方便和更
安全、快捷的方式。另外三个一级指标网站设计、网站影响力和网
站安全的权重值都小于 0.1，相比之下其重要性明显偏低。

殷感谢等参考一些研究结果，提出政府网站评估主要有两大方
面八类 35 个具体指标。③ 第一，信息内容方面：主要包括站点定
位（突出该网站的承办单位特征）、流通性（提供新闻发布和内容来
源的说明）、服务（法规、新闻信息的公告以及电子政务的处理相
关查询信息）、隐私和安全性声明指标（网站采取何种安全和监视
措施以及个人信息收集、使用说明）。第二，易于使用方面：有链

---

① 吴爱民，王淑清. 国外电子政务［M］. 太原：山西人民出版社，
2003：17-20.

② 朱庆华，韩晓静，杜佳，戚爱华. 中文政府网站评价指标体系的构
建与应用［J］. 图书情报工作，2007(11)：69.

③ 殷感谢，陈国青. 电子商务与政府信息化建设——政府网站比较研
究［J］. 计算机系统应用，2002(2)：4-7.

表4-4　　　　朱庆华提出的政府网站评估指标体系

一级指标(权重)	二级指标(权重)	合成权重
信息内容(0.403)	信息内容的准确性(0.283)	0.114
	信息内容的完整性(0.242)	0.097
	信息内容的时效性(0.262)	0.011
	信息内容的独特性(0.064)	0.026
	链接的有效性(0.151)	0.06
网站设计(0.091)	导航系统的全面性(0.149)	0.014
	导航系统的一致性(0.058)	0.005
	组织系统的合理性(0.161)	0.015
	标志系统的准确性(0.204)	0.019
	界面友好程度(0.149)	0.014
	界面美观程度(0.204)	0.019
网站功能(0.345)	网站的响应速度(0.074)	0.007
	交互功能(0.308)	0.106
	信息公开功能(0.360)	0.124
	检索功能(0.285)	0.098
	特色服务功能(0.047)	0.016
网站影响力(0.078)	访问量(0.500)	0.039
	外部链接数 * (0.247)	0.019
	用户访问的深度 * (0.122)	0.009
	信息的转载量 * (0.132)	0.010
网站安全(0.084)	系统安全(0.520)	0.044
	用户信息安全(0.480)	0.040

接质量(能否顺利打开网站以及网站内容是否完整)、反馈机制(管理员的联系方式和计数器)、可到达性(其他网站到本网站的难易和其他版本)和适航性指标(站内导航和网站导航)。

黄澜等则提出依据定量测度指标和定性测度指标对政府网站进行分析。① 其中定量测度指标划分为建设理念指标、信息发布指标、交流互动指标、运行管理指标四类主体指标，每类主体指标下再划分若干分项指标；而定性测度指标划分为完整性、交互性、时效性、安全性、灵活性、艺术性六项定性指标。此外，四类定量主体指标分别细分为更为具体的 45 类二级指标。

胡广伟等从全面考察我国政府网站建设情况的思路着手，从网站功能、网站服务和网站使用效果三大方面对我国政府网站总体建设情况进行了分析，并从指标的成熟度、频度分布、差异度等不同角度对中央部委与地方政府之间的情况进行比较。② 最后结合我国各地区的经济发展状况以及各地区抽样网站样本数目，进一步挖掘政务网站建设情况与经济发展状况、地区抽样网站数目之间的相关关系。

钟军等出于国内政府网站当时处于信息发布阶段的基本认识，提出了用以测评政府网站的几种客观指标，分别为站点容量、无故障工作时间、更新速度、有无英文版本、有无管理员的 E-mail 地址、有无本站点信息的搜索引擎和有无计数器等。③ 通过这些客观指标对 18 个部委级的政府网站进行实证分析，从而客观地记录了政府网站的情况，依据这些数据与国外的一些政府网站进行了比较，最后提出了加强政府网站建设的若干建议。

（2）国内研究机构构建的政府网站评估指标体系。2002—2004年，北京时代计世资讯有限公司对 67 个国务院组成部门、31 个省级政府、32 个省会城市及计划单列市、201 个地级市和 129 个县级政府的网站进行了评估。该评估指标体系为三级树形结构（见表4-5）。在这三级指标体系中，一级指标包括网站内容服务指标、网

---

① 黄澜，许青，程玲. 建立济南市政府网站评价指标体系的研究[J]. 山东科学，2005(10)：70-74.

② 胡广伟，仲伟俊，梅姝娥. 我国政府网站建设现状研究[J]. 情报学报，2004(5)：537-546.

③ 钟军，苏竣. 政府网站评测方法研究[J]. 科研管理，2002(1)：133-138.

站功能服务指标和网站建设质量指标，这三项指标在政府网站评测模型中有各自的权重，它们的权重总和为100%。在二级指标中，网站内容服务指标分解为政务公开、本地概览和特色内容三个二级指标，这三个指标在网站建设质量指标中有不同的权重，其权重总和为100%；与之类似，功能服务主要度量政府与公众的互动情况，包括网上办公、网上监督、公众反馈、特色功能四个二级指标，其权重总和为100%；建设质量指标包括设计特征、信息特征、网络特征等三个子指标。

表4-5　北京时代计世资讯提出的政府网站评估指标体系

一级指标	二级指标	三级指标
网站内容服务指标	政务公开	政府公报；政策法规；政务新闻；机构设置与职责；办事规程；网站背景
	本地概览	
	特色内容	
网站功能服务指标	网上办公	导航服务；办事指南；网上咨询；网上查询；网上申报；网上审批；网上采购
	网上监督	
	公众反馈	政府信箱；网上调查；交流论坛
	特色功能	
网站建设质量指标	设计特性	美观性；专业性；易用性；通用性
	信息特性	时效性；全面性；条理性；多媒体
	网络特性	连接速度；站点可用性；网络安全

第一级的单个指标都分解为下一级的多个指标,每一级相对应的指标的权重总和均为100%。每一个一级指标都分别分解为二级指标,对应同一第一级指标的二级指标的权重总和为100%;部分二级指标进一步分解为三级指标,另有部分二级指标没有进行进一步的分解,对应同一第二级指标的三级指标的权重总和为100%。在通过专家调研法和层次分析法之后,得出该指标体系中各项指标的权重:政府网站内容服务指标和网站功能服务指标是网站评估指标中权重较大的指标项,这与电子政务的实质是契合的。在网站内容服务指标中,政务公开所占权重最大;在网站功能服务指标中,网上办公所占权重最大。而在政务公开中,办事规程、机构设置与职责、政策法规和政府公报等指标项的权重较大;在网上办公中,网上审批、网上申报、网上采购和网上查询等指标项占据了较大的权重。

为了研究我国政府门户网站建设的区域性特征,中国城市电子政务发展研究课题组在 2004 年发布了《2003—2004 中国城市政府门户网站评估报告》。① 该报告严格依照国家行政区划规范,对全国最具代表性的 336 个地级以上城市门户网站进行了全方位的考察与评估。评估采取定量与定性相结合的方法,在 2004 年以电子政务在线服务力(OSA)和电子政务在线应用力(OAA)为核心指标,量化测评 336 个城市的政府门户网站电子政务实现度(EGR),并对测评结果进行了区域性的统计和分析,试图初步廓清中国城市政府电子政务应用的现状、脉络和基本走势。他们采用的相关考察指标包括以下内容:

①电子政务在线服务力(OSA)。该项内容包括充实性、交互性、时效性、个性化和透明化 5 个项目指标。

②电子政务在线应用力(OAA)。该项内容包括实用性、安全性、开放性、灵活性和艺术性 5 个项目指标。

③省区电子政务实现度(EGR)。该项内容由前面两项指标进

---

① 中国城市电子政务发展研究课题组.2003—2004 中国城市政府门户网站评估报告[J].电子政务,2004(3).

一步的加权得到。省区所有城市 EGR 的数学期望，用以衡量省区总体城市政府网站建设水平，以此作为衡量城市政府门户网站发展水平的依据。

④省区电子政务失衡度（EGU）。该项内容包括省区所有城市 EGR 的标准方差，用以衡量省区所有城市政府网站发展参差不齐的程度。

受国务院信息化工作办公室委托，赛迪顾问股份有限公司 2002 年至 2005 年连续对全国政府网站进行调查和评估。评估对象包括四类政府网站：国务院部委及相关单位的部门网站（简称部委网站）、省级政府网站（包括省、自治区、直辖市以及新疆建设兵团政府网站）、地市级政府网站（包括计划单列市、省会城市和地级市政府网站）以及县级政府网站。在其撰写的报告中他们提出了政府网站绩效评测模型的指标构成。其评测模型共有三级指标，一级指标有四个：公共服务、政务公开、客户意识和其他指标。其中公共服务再细分为办理类业务和信息类业务 2 个二级指标，政务公开再细分为决策公开和民愿处理等 12 个二级指标，客户意识分为首页区域布局和服务分类程度等 8 个二级指标，其他指标则分为信息检索、网站导航、其他语种和网站域名等 4 个指标。部分二级指标再细分为更为明确的三级指标，以进行定量分析。

三、关于政府网站评估方法与指标体系构建之总结

在对国内外政府网站评估的方法和指标体系进行梳理之后，我们可以从中总结出以下对于建立政府网站评测模型有帮助的内容：

（1）单单就评估本身而言，其含义即为按照所设定的评估目标测定对象的属性，并把它变成主观效用（满足主体要求的程度）的行为，即明确价值的过程。对于网站评估来说，由于评估对象所涉及的因素较多，各个因素之间关系也较为复杂，因此一般采用的是系统评估办法，即把所研究的对象当成系统来分析，然后再对这个系统进行评估。考虑到政府网站的多样性和易变性，制定合理的评估指标体系是对网站进行评估首先要解决的问题，而由于不同评估之间所设定的目标不同，故不同评估所设立的指标评测模型也会有

所区别。

（2）政府网站的评测模型多种多样，但是其都是以一种理念或者核心价值作为指导，并以此建立相应的评估指标体系。评测模型会因不同的理念或是核心价值的变化而不同。而这种理念或核心价值是随着技术进步和公共管理理论的不断演进发展而变化的。如从最初的以衡量基础技术指标为主要评估内容到后来的以衡量政府提供服务以及与公众的交互程度作为其核心指标的变化，都说明了这一点。

（3）虽然采用的评估方法和建立的评估指标体系不尽相同，但是总的来说，评估政府网站的主要考察因素有两类，一类是政府网站的客观技术指标，它包括网站内容、网站功能、网站服务、结构以及网站的安全因素；另外一类则是网站的主观感受因素，它包括网站的易用性、网站人性化设计和网站的用户导向等。

（4）当前对于政府网站考察的重点越来越倾向于政府在线服务能力和公众参与度，几乎所有政府网站的研究报告都认为，政府服务的提供和公众参与是其最为核心的内容之一。而公众与政府通过政府网站进行在线交互的水平，以及在线参与和获取在线服务的容易程度与便利程度等涉及数字鸿沟的指标也是政府网站建设当前主要考察的内容。

因此，在设计和构建政府网站评测模型时，需要对这些要素进行综合考虑。

第二节 公共治理理论下政府网站评测模型构建与应用

对政府网站进行评估，就是以政府网站为考察对象，建立合理的评估指标体系，同时采用正确的评估方法，得出该政府网站的综合评估得分，判断政府网站的建设是否符合人们对政府网站的预期，并对其设计、内容等方面提出必要的改进意见和建议。对评估政府网站来说，合适的评级体系和方法是其基础，评测模型和方法不仅会影响到评估结果的准确性，而且也会影响网站的设计和内容的合理制定。

在这里所要构建的仅仅是一个公共治理理论框架下政府网站的分析指标体系。在构建该评估指标体系的时候，首先要考虑公共治理的要素。而在方法的选择上，鉴于政府网站评估的对象所涉及的因素较多，各个因素之间的关系也较为复杂，因此采用了层次分析法（AHP），即将所研究政府网站的评估指标分解为若干层次，对其每项指标进行层层分解，然后再进行分析，最后对该政府网站进行系统评估。

一、公共治理理论下政府网站评估指标体系构建

对于建立在公共治理理论框架下政府网站的分析指标体系，可以从度量治理要素的角度着手。当前对于治理度量的研究较多，迄今为止治理评估指数有 150 多种，比较有代表性的治理评测模型有以下三种：

世界银行运用全球治理指数（the Worldwide Governance Indicators）对 212 个国家和地区 1996—2006 年的治理情况进行了度量，做出了排序。这套指数主要集中在 6 个方面：（1）发言权与责任性（Voice and Accountability）；（2）政治稳定与无暴力情况（Political Stability and Absence of Violence）；（3）政府效力（Government Effectiveness）；（4）监管质量（Regulatory Quality）；（5）法治情况（Rule of Law）；（6）控制腐败情况（Control of Corruption）。[①]

在英国注册的治理国际（Governance International）提出了一个多元利益相关者评估的善治模型，运用 360 度评估法集中关注公共组织如何通过建构伙伴关系来为其利益相关者创造出更多的价值以及利益相关者如何帮助公共组织做出改进。在这个模型中，利益相关者居于核心，向外辐射出原则、结果和以民主、信任、法治、领

---

① Daniel Kaufmann, Aart Kraay, Massimo Mastruzzi. *Governance Matters V: Aggregate and Individual Governance Indicators for* 1996—2005 [M]. The World Bank, 2006.

导力为价值的评估系统。①

　　国内的天则经济研究所也提出了度量公共治理的基本要素：一个要素是权利配置，分为两个层次：第一个层次是包括公民权利、政治权利以及相应的经济社会文化权利在内的基本权利的配置；第二个层次是与公共资源有关的权利的配置。另一个要素是政治过程，就是如何保障和实现这些权利。②

　　而根据第三章中所分析的结果，政府网站是作为公共治理的一种技术手段，用于公共治理的实现，因而对公共治理理论下政府网站的评估即为对政府网站实现公共治理的工具性进行度量。从这个角度出发，对于政府网站进行评测的关键要素即为：其一是基础性公共服务的电子政务平台功能，即以政府为服务主体，以公民、企业和非营利组织为服务对象，对政府内部不同层次、不同业务、不同标准的各个应用系统进行整合，构建一个功能完备、服务健全、运行畅通的电子政务平台；其二是综合性主体互动的善治平台功能，即基于公共治理理念，将政府网站作为强化信息资源充分整合的电子政务平台，以政府、企业和非营利性社会组织、公众为平台内三大平行主体，增进三个主体之间的高效互动，促进社会和谐发展的善治平台。具体来说，政府门户网站的发展建设目标为：整合各种资源，完善信息发布，提升办事服务能力，加大政民互动力度，全面架构政府的网上公共信息服务平台，创建"透明、服务、民主"政府。

　　此外，应参考上述政府网站评估指标体系中的指标，吸取其中网站建设必备的基本指标和常规政府网站中的服务性指标，在设计政府网站评估指标体系时，将整个政府网站评估指标体系定为三级树形结构：其中一级指标确定为核心指标、常规指标和基础指标。这三项指标在政府网站评测模型中有各自的权重，它们的权重总和为100%；每一个一级指标都分别分解为二级指标，对应同一第一

　　①　Governance International. *Model* [EB/OL]. [2009-02-05]. http://www.governanceinternational.org/english/fprod.html.

　　②　周业安. 度量公共治理[EB/OL]. [2009-01-05]. http://www.unirule.org.cn/Secondweb/DWContent.asp? DWID=373.

级指标的二级指标的权重总和为 100%；部分二级指标进一步分解为三级指标，另有部分二级指标没有进行进一步的分解，对应同一第二级指标的三级指标的权重总和为 100%。

政府网站评测模型的核心指标为公众参与要素。之所以选择公共参与作为此评测模型的核心指标，是因为实现公众参与体现了公共治理的"合法性"要素，是公共治理实现的重要基础。首先，公民、企业和非营利组织等各类公共治理主体只要具备相关的上网知识和设备就可以平等地参与公共管理，而不需要考虑其他因素；其次，在这种参与机制中，各类参与者在其中都具有同等的地位和背景，能够真正实现公众平等地参与公共管理；最后，政府网站的网络电子媒介和传统的参与方式相比，能够使信息不受时空阻碍地进行传递，使得公众大范围参与公共事务的决策成为可能。通过政府网站，能够加强政府与公众的沟通，就公共政策的制定过程征求民意，让更多的人参政议政、建言献策。公众参与是保障公民享有参与权和监督权的重要手段。作为公共治理的技术手段，政府网站建设应当服务于我国当前的民主政治发展需要，为公众参与公共事务的管理提供一个良好的平台。对于公众参与，将从实时访谈、咨询投诉、民意收集等栏目的设置情况和参与效果两方面进行评估。

常规指标为政府网站的日常性功能要素，包含信息公开和在线办事两个二级指标，用以评估以用户为中心的政府网站信息资源整合情况和用户获取的网站"一站式、一体化"的服务情况。信息公开是促进公共治理中"透明性"要素建设的重要途径；政府网站是实现政务信息公开的重要窗口，要积极倡导通过政府网站发布政务信息，特别是行政事项办理程序及结果公示等关键性政务信息，在做好管理和服务工作的同时保障公民的知情权，接受公众监督。提高在线办事能力是打造服务型政府的关键环节。从全球政府网站的发展来看，面向公民、企业以及非营利组织提供服务是政府网站建设的最大价值所在。以政府网站为平台，依托互联网和信息技术，向公民、企业和非营利组织提供"一站式、无缝隙"服务，能够减少政府开支，提高政府办事效率和服务质量，增强用户满意度。故将信息公开和在线办事作为对政府网站其日常功能的考核。

　　二级指标中的信息公开指标依照 2008 年 5 月 1 日开始施行的我国《政府信息公开条例》的要求，分解为信息公开目录、申请公开和信息公开内容三个三级指标；对于这三个指标着重考察的是其公开内容的全面性和时效性，同时兼顾准确性与规范性。所谓全面性，是指即政府网站内容应全面、系统，以公开为原则，不公开为例外，凡不属于秘密、个人隐私和法律、法规禁止公开的政务信息，都应该在政府网站上发布；所谓时效性，是指经常性工作应定期公开，阶段性工作逐段公开，临时性工作随时公开，对于失效信息应及时清除或变更；所谓准确性与规范性，是指网站发布的内容必须严谨准确，不能发布失真和有歧义的信息。摘要、节选或综述性的政务信息应准确把握。另外，政务公开还应注重让公众能够方便、快捷地获取有效信息。

　　二级指标中的在线办事则分解为具体办事内容和具体办事方式两个三级指标。对于具体办事内容来说，主要考察的是政府对于企业和社会提供公共服务的内容的全面性和时效性，即政府网站应该最大限度地方便用户获取各种服务，只要能在网上办理的就尽量上网办理。办理的时效性即办理时间的周期也是需要考察的标准之一；对于在线服务办事方式则对当前办理事项所提供的各种技术支持进行考察，包括表格下载、在线咨询、在线查询和在线申报四个方面。

　　基础指标为网站建设要素。一方面，网站建设要素中包含所有网站建设中必须包含的技术元素，如网页设计、网站链接等多种技术指标；另一方面，作为代表着政府形象的政府网站，网站建设要素也包含着特殊的要求，如页面设计的专业性、合理性与美观性，不仅影响着政府网站的亲和力，而且影响着公众对政府网站的满意度。基础指标包含信息检索、导航链接、使用帮助和联系信息辅助功能的是否完善，也关系到核心要素与日常要素的实现。因此，对网站建设要素主要从页面设计和辅助功能两个方面考察。

　　具体指标体系框架如表 4-6 所示。

102

表 4-6 **基于公共治理理论的政府网站评估指标体系**

一级指标	二级指标	三级指标	考察内容包括
A_1 核心指标	B_1 公众参与	C_1 实时访谈	1. 栏目设置是否符合民众需要； 2. 访谈次数是否足够； 3. 效果
		C_2 咨询投诉	1. 栏目设置； 2. 公开情况； 3. 效果
		C_3 民意收集	1. 栏目设置是否易用； 2. 收集次数是否足够； 3. 内容
A_2 常规指标	B_2 信息公开	C_4 信息公开内容	1. 概况信息； 2. 法规公文； 3. 计划规划； 4. 工作动态； 5. 人事信息； 6. 行政事业收费； 7. 财政预决算； 8. 政府工作报告； 9. 计划进展； 10. 应急管理
		C_5 申请公开	1. 栏目设置； 2. 内容
		C_6 信息公开目录	1. 内容是否齐全； 2. 链接； 3. 更新
	B_3 在线办事	C_7 具体办事内容	1. 教育； 2. 医疗； 3. 住房； 4. 供气； 5. 就业； 6. 供电； 7. 供水； 8. 养老； 9. 公共安全； 10. 户籍； 11. 其他
		C_8 具体办事方式	1. 表格下载； 2. 在线咨询； 3. 在线查询； 4. 在线申报

续表

一级指标	二级指标	三级指标	考察内容包括
A_3 基础指标	B_4 网站建设	C_9 页面设计	1. 个性设计； 2. 页面设置； 3. 页面效果； 4. 外文版本
		C_{10} 辅助功能	1. 信息检索； 2. 导航链接； 3. 使用帮助； 4. 联系信息

二、确定政府网站评测模型各项指标的权重①②

1. 建立权重判断矩阵

判断矩阵是层次分析法（AHP）的基本信息，也是进行相对重要度（权重）计算的重要依据。判断矩阵的建立，是以评估结构模型中的上一级的某一元素作为评估准则。在确定的递阶层次结构中，每一个元素和该元素支配的下一层元素构成一个子区域，对于子区域的各元素的相对重要性采用德尔菲法用数值形式给出判断，并写成矩阵形式（见表4-7）。

表4-7　　　　　　　　递阶层次结构判断矩阵图

A	B_1	B_2	...	B_{1n}
B_1	B_{11}	B_{12}	...	B_{1n}
B_2	B_{21}	B_{22}	...	B_{2n}
...	...	...		...
B_n	B_{n1}	B_{n2}	...	B_{nn}

---

① 费军，陈锦云．基于层次分析法的领导干部经济责任审计评价研究[J]．计算机工程语应用，2003(18)：25-27.
② 刘兴宇，王彤．政府网站综合评价方法[J]．情报科学，2004(1)：66-70.

在指标体系的框架完成之后，采用层次分析法，根据各项指标重要性的不同给出不同的权重。层次分析法的原理为假定以上一层次的元素 A_n 作为准则层，A_n 对自己下一层次指标层的要素 B_1，B_2，…，B_n 有支配关系。因此要在 A_n 下，按照 B_1，B_2，…，B_n 等要素之间的相对重要性对其赋予相应的权重（Weight）。对于那些没有统一判定标准，只能依靠人的经验判断和估计的问题，往往要通过适当的方法，导出其权重，以给出某种量化指标或直接判断元素之间的重要性。层次分析法是两两比较法，决策者或专家系统要回答，对于准则 A_n 的下层 B_i 和 B_j 哪一个更重要，重要多少。为了使判断定量化，一般采用 Saaty 提出的 1—9 的比例标度法。表 4-8 为常用的 1—9 比例标度法则。

表 4-8　　　　　　　　　　　　　1—9 比例标度法则表

判断尺度	含　　义
1	表示对 A_n 而言，因素 B_i 和 B_j 相比较，同等重要
3	表示对 A_n 而言，因素 B_i 和 B_j 相比较，前者比后者略微重要
5	表示对 A_n 而言，因素 B_i 和 B_j 相比较，前者比后者明显重要
7	表示对 A_n 而言，因素 B_i 和 B_j 相比较，前者比后者明显重要得多
9	表示对 A_n 而言，因素 B_i 和 B_j 相比较，前者比后者绝对重要
2、4、6、8	介于两个判断尺度之间的情况

据层次分析结构模型，对处于统一层次中的各因素用成对因素的判别比较，并根据 1—9 比例标度将判断定量化，形成一系列的比较判断矩阵。可以得到准则 A_n 下的判断矩阵 $B = (b_{ij})_{m \times n}$，该判

断矩阵有如下性质：

① $b_{ij} > 0$。

② $b_{ij} = 1/b_{ji}$，i，$j = 1$，2，$\cdots$，n。

③ $b_{ii} = 1$。

由性质②、③可知，对 n 阶判断矩阵仅需对其上（或下）三角元素共 $n(n-1)/2$ 个作出判断。判断矩阵 B 中的元素 b_{ij} 表示对于评估准则 A_n 而言，指标 B_i 相对于 B_j 的重要性。由上文可知：$b_{ii} = 1$；若 B_i 相对于 B_j "明显重要"，则 $b_{ij} = 5$；若 B_j 相对于 B_i "明显重要"，则 $b_{ij} = 1/5$。

2. 权重计算

在得出判断尺度之后，还需要对各项权重加以计算，其方法如下：

根据判断矩阵，先计算出判断矩阵的特征向量 W，然后经过归一化处理，使其满足 $\sum\limits_{i=1}^{n} W_i = 1$，即可求出 B_i 关于 A_n 的相对重要程度，也即权重。求特征向量 W 的分量 W_i 的方法如下：

①计算判断矩阵每一行元素的乘积。

$$M^i = \prod_{j=1}^{n} b_{ij}，\quad (i，j = 1，2，\cdots，n)$$

式中：b_{ij} ——判断矩阵第 i 行 j 列元素。

②计算 M_i 的 n 次方根 W_i：

$$W_i = \sqrt[n]{M_i}$$

③将 $W = (W_1，W_2，\cdots，W_n)^T$ 进行归一化处理，即：

$$W_i = \frac{W_{i1}}{\sum\limits_{i=1}^{n} W_i}$$

则 $W = (W_1，W_2，\cdots，W_n)^T$ 为所求特征向量，也即元素 B_i 的权重。

根据政府网站的性质和特点列出政府网站准则层的权值矩阵（见表4-9）：

表 4-9 基于公共治理理论的政府网站评估指标体系一级指标权值矩阵表

	核心指标 A_1	常规指标 A_2	基础指标 A_3
核心指标 A_1	1	3	7
常规指标 A_2	1/3	1	5
基础指标 A_3	1/7	1/5	1

核心指标 A_1 较常规指标 A_2 略为重要，故判断尺度为 3。

常规指标 A_2 与基础指标 A_3 相比明显重要，故判断尺度为 5。

核心指标 A_1 与基础指标 A_3 相比明显重要得多，故判断尺度为 7。

从而得出表 4-10 中各个一级指标权重：

表 4-10 基于公共治理理论的政府网站评估指标体系一级指标权重表

评估指数	相乘	开方	权重
A_1 核心指标	1×3×7	$\sqrt[3]{21}$	2.7589/4.8219 = 0.5722
A_2 常规指标	1/3×1×5	$\sqrt[3]{5/3}$	1.7573/4.8219 = 0.3644
A_3 基础指标	1/7×1/5×1	$\sqrt[3]{1/35}$	0.3057/4.8219 = 0.0634
合计		4.8219	1

$$W_{A_1} = \sqrt[3]{1 \times 3 \times 7} = 2.7589$$

$$W_{A_2} = \sqrt[3]{1/3 \times 1 \times 5} = 1.7573$$

$$W_{A_3} = \sqrt[3]{1/7 \times 1 \times 1/5} = 0.3057$$

$W_A = (W_{A_1}, W_{A_2}, WA_3)^T$ 进行归一化处理，得到的所求特征向量：

$W_A = (0.5722, 0.3644, 0.0634)$，即三个一级指标 W_{A_1}、W_{A_2}、W_{A_3} 各自的权重。

3. 一致性检验

计算判断矩阵的最大特征根 λ_{max}。

$$\lambda_{\max} = \frac{\sum_{i=1}^{n}(AW_i)}{nW_i}$$

式中 $(PW)_i$ 表示向量 PW 的第 i 个元素。

$$PW = \begin{bmatrix} (PW)_1 \\ (PW)_2 \\ \cdots \\ (PW)_n \end{bmatrix} = \begin{bmatrix} B_{11} & B_{12} & B_{13} & B_{1n} \\ B_{21} & B_{22} & B_{23} & B_{2n} \\ \cdots & \cdots & \cdots & \cdots \\ B_{n1} & B_{n2} & B_{n3} & B_{nn} \end{bmatrix} \cdot \begin{bmatrix} W_1 \\ W_2 \\ \cdots \\ W_n \end{bmatrix}$$

为了检验判断矩阵的一致性，需要计算它的一致性指标 CI，定义

$$CI = \frac{\lambda_{\max} - n}{n - 1}$$

当 CI=0 时，判断矩阵具有完全一致性。$\lambda_{\max} - n$ 越大，CI 就越大。那么判断矩阵的一致性就差。为了检验判断矩阵是否具有满意的一致性，需要将 CI 与平均随机一致性指标 RI 进行比较。RI 的取值如表 4-11 所示：

表 4-11　　　　　　　　平均随机一致性指标表

n	3	4	5	6	7	8	9
RI	0.58	0.90	1.12	1.24	1.32	1.41	1.45

CI 与 RI 的比值称为判断矩阵的一致性比率。如果判断矩阵 CR=CI/RI<0.1 时，则此判断矩阵具有满意的一致性，否则就需要对判断矩阵进行调整。

一般对于三阶以上的判断矩阵才需检验一致性。只要 CR<0.1 就可以认为判断矩阵具有满意的一致性，评估价结果是可靠的。

4. 层次总排序和一致性检验

利用同一层次中所有层次单排序的结果，就可以计算针对上一层次而言，本层次所有因素重要性的权值。层次总排序需要从上到

下逐层进行。如果因素 A 隶属的 n 个指标 B_1，B_2，$\cdots$，B_n 对 A 的排序数值向量为 $W_{A \to B_i}(a_1, a_2, \cdots, a_n)$，$B_{ik}$ 对指标 B_i 的层次单排序数值为向量 $W_{Bi \to Bik_l}(b_1^i, b_2^i, \cdots, b_n^i)$，此时 B_{ik} 对 A 的数值向量为：

$$W_{A \to Bik_l} = W_{Bi \to Bik_l} \times W_{A \to Bi_l}$$

分别将一级指标 BJ 相对于总指标 A 的权重向量 $W_{A \to Bi_l}$，和二级指标 B_{ik} 相对于其隶属指标 B_i 的权重向量代入上述公式，可计算出层次总排序，即二级指标 B_i 相对于总指标 A 的权重向量。综合评估指标权重即为所求。一致性指标为 CR＝CI/RI 类似地，当 CR 小于 0. 10 时，认为层次总排序具有满意的一致性。否则，需要重新调整判断矩阵的元素取值。

由于

$$PW_G = \begin{bmatrix} 1 & 3 & 7 \\ 1/3 & 1 & 5 \\ 1/7 & 1/5 & 1 \end{bmatrix} \times \begin{bmatrix} 0.5722 \\ 0.3644 \\ 0.0634 \end{bmatrix} = \begin{bmatrix} 1.7166 \\ 1.0392 \\ 0.1902 \end{bmatrix}$$

那么 $\lambda_{\max} = \dfrac{1}{3}\left(\dfrac{1.7166}{0.5722} + \dfrac{1.0392}{0.3644} + \dfrac{0.1902}{0.0634} \right) = 3$

一致性检查：

$n = 3$，$RI = 0.58$

$$CI = \frac{\lambda_{\max} - n}{n - 1} = \frac{3 - 3}{2} = 0$$

$$CR = CI/RI = 0 < 0.1$$

它表明判断矩阵具有满意一致性，因此，$W_A = (0.5722, 0.3644, 0.0634)$ 的各个分量可以作为相应评估指标的权数。因此，得到一级评估指标的权重为：$A = (0.5722, 0.3644, 0.0634)$

5. 组合权重计算

在计算了各级指标对上一级指标的权重以后，即可从最上一级开始，自上而下地求出各级指标关于评估目标的组合权重，其计算过程如下：

设 A 级有 m 个指标 A_1，A_2，$\cdots$，A_m，它们关于评估目标的组

合权重分别为 a_1，a_2，$\cdots$，a_m。A_i 级的下一级又有 n 个子指标 B_1，B_2，$\cdots$，B_n，它们关于指标 A_i 的权重向量 $b^i = (b_1^i, b_2^i, \cdots, b_n^i)^T$，则子指标级的指标 B_j 对于评估指标的组合权重为：

$$W_i = b_j^i \alpha, \quad j = 1, 2, \cdots, n$$

即某一级指标的组合权重是该指标的权重和上一级指标的组合权重的乘积值。组合权重的计算公式表明，要计算某一级的组合权重，必须先知道其上一级的组合权重。因而组合权重总是由最高级开始，依次往下递推计算的。

对于二级指标公众参与指标 B_1 来说，核心指标即为该指标，故其权重在核心指标 A_1 下一级中的二级指标权重为1。

对于二级指标网站建设 B_4 来说，基础指标即为该指标，故其权重在基础指标 A_3 下一级中的二级指标权重为1。

对于二级指标信息公开 B_2 和在线办事 B_3 来说，对日常性指标 A_2 而言，其重要性同等重要，故其判读尺度为1，依照前文计算方法，信息公开 B_2 和在线办事在日常性指标 A_2 下的指标权重都为0.5。在此次权重计算中，$\lambda_{max} = 2$，$CI = 0.00$。

故可得出政府网站评估二级指标权重（见表4-12）。

表4-12　基于公共治理理论的政府网站评测模型二级指标权重表

	A_1	A_2	A_3	层次总排序	优先序
	0.5722	0.3644	0.0634		
B_1	1			0.5722×1 = 0.5722	1
B_2		0.5		0.3644×0.5 = 0.1822	2
B_3		0.5		0.3644×0.5 = 0.1822	2
B_4			1	0.0634×1 = 0.0634	4

而在政府网站三级指标评测模型中：

①就二级指标 B_1 公众参与而言，C_2 咨询投诉和 C_3 民意收集同等重要，判断尺度为1；二者都比实时访谈 C_1 略为重要，判断尺

度为 2。依照前面所述的计算方法，故 C_1 实时访谈、C_2 咨询投诉和 C_3 民意收集三者在 B_1 公众参与下的权重分别为 0.2、0.2、0.4。在此层次权重计算中，$\lambda_{max} = 3$，$CI = 0.00$，通过一致性计算。

②就二级指标 B_2 信息公开而言，C_4 信息公开内容和 C_5 申请公开同等重要，判断尺度为 1，二者都比 C_6 信息公开目录明显重要，判断尺度为 5。依照前面所述的计算方法，C_4 信息公开内容、C_5 申请公开和 C_6 信息公开目录三者在二级指标 B_2 信息公开下的权重分别为 0.4482、0.4482、0.1035。在此层次权重计算中，$\lambda_{max} = 3$，$CI = 0.00$，通过一致性计算。

③就二级指标 B_3 在线办事而言，C_7 具体办事内容比 C_8 具体办事方式略为重要，判断尺度为 2。依照前面所述的计算方法，故 C_7 具体办事内容和 C_8 具体办事方式在二级指标 B_3 在线办事下的权重分别为 0.6667、0.3333。在此层次权重计算中，$\lambda_{max} = 2$，$CI = 0.00$，通过一致性计算。

④就二级指标 B_4 网站建设而言，C_9 页面设计比 C_{10} 辅助功能略为重要，判断尺度为 2。依照前面所述的计算方法，故 C_9 页面设计和 C_{10} 辅助功能在二级指标 B_4 网站建设下的权重分别为 0.6667、0.3333。在此层次权重计算中，$\lambda_{max} = 2$，$CI = 0.00$，通过一致性计算。

同理可得出公共治理理论下的政府网站评测模型三级指标层 C_1—C_{10} 的权值如表 4-13 所示。

表 4-13　基于公共治理理论的政府网站评测模型三级指标权重表

	B_1	B_2	B_3	B_4	层次总排序	优先序
	0.5722	0.1822	0.1822	0.0634		
C_1	0.2				0.5722×0.2 = 0.11444	4
C_2	0.4				0.5722×0.4 = 0.22888	1
C_3	0.4				0.5722×0.4 = 0.22888	1
C_4		0.4482			0.1822×0.4482 = 0.08166204	5

	B_1	B_2	B_3	B_4	层次总排序	优先序
C_5		0.4482			$0.1822\times0.4482=0.08166204$	5
C_6		0.1035			$0.1822\times0.1035=0.0188577$	10
C_7			0.6667		$0.1822\times0.6667=0.12147274$	3
C_8			0.3333		$0.1822\times0.3333=0.06072726$	7
C_9				0.6667	$0.0634\times0.6667=0.04226878$	8
C_{10}				0.3333	$0.0634\times0.3333=0.02113122$	9

以上计算结果均通过了一致性检验。

从三级指标的权重分配来看,咨询投诉(0.22888)和民意收集(0.22888)排在并列第一位,具体办事内容(0.12147274)排第三。根据以上的权重分配可以看出,此评测模型强调了在上一章中所分析的公共治理理论对于政府网站建设的理论指导意义的两个方面:即公共治理理论要求政府网站建设以公众为中心,要求政府网站加强公众的参与和回应机制。一方面通过政府网站这个便捷有效的沟通平台,包括公民、企业和非营利组织等多种治理主体可以参与公共事务管理,发表自己的意见和要求;另一方面则是政府部门通过政府网站这个网络平台向公众提供尽可能多的政务信息和公共服务。

三、对省级政府网站进行评估

对政府网站评估操作采取如下的方法进行:根据政府网站评估指标体系及评估标准,笔者从 2009 年 1 月 20 日开始,至 2009 年 3 月 10 日结束,每天利用不同时间段上网,作为使用者浏览并研究政府网站,每天独立评估每个网站花费时间在 1 小时以上。每天分别独立地对各政府网站进行评估打分,最后按照打分结果加权统计得出各省级政府网站的各项指标得分。

此外,对于分值的标准如下:每项指标的满分为 100 分。其中,90 分以上(含 90 分)为优秀;70—90 分以上(含 70 分)为良好；60—70分(含60分)为一般；60分以下为较差。

表4-14为依据评估所做的原始打分：

表4-14 政府网站评估原始分数表

网站域名	省份	C_1	C_2	C_3	C_4	C_5	C_6	C_7	C_8	C_9	C_{10}
www. shanghai. gov. cn	上海	92	87	90	84	82	86	83	85	88	87
www. beijing. gov. cn	北京	84	82	87	82	84	83	94	96	85	86
www. tj. gov. cn	天津	73	72	73	73	71	70	62	60	86	83
www. cq. gov. cn	重庆	69	67	64	68	65	67	60	61	68	65
www. jl. gov. cn	吉林	70	71	73	68	67	64	58	59	70	68
www. ln. gov. cn	辽宁	72	74	71	64	60	61	50	51	73	72
www. hlj. gov. cn	黑龙江	74	75	73	65	63	62	47	48	60	62
www. nmg. gov. cn	内蒙古	62	60	58	55	52	51	49	48	65	63
www. hebei. gov. cn	河北	65	62	61	62	58	57	48	50	61	60
www. henan. gov. cn	河南	75	76	73	60	57	56	53	52	69	67
www. hubei. gov. cn	湖北	73	75	72	61	59	58	52	54	71	70
www. hunan. gov. cn	湖南	72	71	70	76	75	73	62	63	67	68
www. jiangsu. gov. cn	江苏	78	79	80	71	68	67	52	54	81	79
www. zj. gov. cn	浙江	87	84	85	78	79	75	73	74	75	77
www. ah. gov. cn	安徽	75	71	73	72	71	71	63	61	75	78
www. jiangxi. gov. cn	江西	67	66	64	64	62	63	56	54	66	64
www. fujian. gov. cn	福建	77	75	75	77	74	76	64	63	79	76
www. gd. gov. cn	广东	80	81	77	77	74	73	68	69	88	85
www. gxzf. gov. cn	广西	62	60	58	60	58	58	55	53	58	62
www. hainan. gov. cn	海南	86	83	85	82	84	81	71	69	72	74
www. shaanxi. gov. cn	陕西	81	78	74	75	73	74	69	66	68	72
www. shanxigov. cn	山西	64	63	60	75	73	75	62	64	72	73
www. sc. gov. cn	四川	85	84	81	67	65	64	67	64	74	70

续表

网站域名	省份	C_1	C_2	C_3	C_4	C_5	C_6	C_7	C_8	C_9	C_{10}
www. sd. gov. cn	山东	64	63	62	50	48	47	46	45	52	50
www. gzgov. gov. cn	贵州	54	53	51	48	45	45	44	45	50	53
www. yn. gov. cn	云南	75	74	72	75	72	74	61	62	68	66
www. xinjiang. gov. cn	新疆	65	67	66	52	51	50	43	42	52	54
www. qh. gov. cn	青海	50	52	51	47	45	46	43	42	67	63
www. nx. gov. cn	宁夏	51	48	47	45	46	44	40	41	54	56
www. gansu. gov. cn	甘肃	45	44	45	42	44	43	38	39	61	58
www. xizang. gov. cn	西藏	42	43	40	41	40	38	37	35	62	63

在得出第三层指标的原始分值之后，依照以前所设计的分值权重计算各个省级政府网站的总分值，结果如表 4-15 所示。

表 4-15　　　　　　　　　　政府网站评估最终分数表

	省份	总分	C_1	C_2	C_3	C_4	C_5	C_6	C_7	C_8	C_9	C_{10}
1	上海	87.02	10.52	19.91	20.60	6.86	6.70	1.62	10.08	5.16	3.72	1.84
2	北京	86.07	9.61	18.77	19.91	6.70	6.86	1.56	11.42	5.83	3.59	1.82
3	浙江	81.03	9.96	19.23	19.45	6.37	6.45	1.41	8.87	4.50	3.17	1.63
4	海南	80.80	9.84	19.00	19.45	6.70	6.86	1.53	8.62	4.19	3.04	1.56
5	广东	76.99	9.16	18.54	17.62	6.29	6.04	1.38	8.26	4.19	3.72	1.80
6	四川	76.11	9.73	19.23	18.54	5.47	5.31	1.21	8.14	3.89	3.13	1.48
7	陕西	74.32	9.27	17.85	16.94	6.12	5.96	1.39	8.38	4.00	2.87	1.52
8	福建	73.45	8.81	17.17	17.17	6.29	6.04	1.43	7.77	3.83	3.34	1.61
9	江苏	72.62	8.93	18.08	18.31	5.80	5.55	1.26	6.32	3.28	3.42	1.67
10	天津	71.18	8.35	16.48	16.71	5.96	5.80	1.32	7.53	3.64	3.63	1.75
11	云南	70.84	8.58	16.94	16.48	6.12	5.88	1.39	7.41	3.76	2.87	1.39
12	安徽	70.73	8.58	16.26	16.71	5.88	5.80	1.34	7.65	3.70	3.17	1.65

	省份	总分	C_1	C_2	C_3	C_4	C_5	C_6	C_7	C_8	C_9	C_{10}
13	湖南	69.84	8.24	16.25	16.02	6.21	6.12	1.38	7.53	3.83	2.83	1.44
14	吉林	68.22	8.01	16.25	16.71	5.55	5.47	1.21	7.05	3.58	2.96	1.44
15	河南	67.22	8.58	17.39	16.71	4.90	4.65	1.06	6.44	3.16	2.92	1.42
16	湖北	66.97	8.35	17.17	16.48	4.98	4.82	1.09	6.32	3.28	3.00	1.48
17	辽宁	66.48	8.24	16.94	16.25	5.23	4.90	1.15	6.07	3.10	3.08	1.52
18	黑龙江	66.43	8.47	17.17	16.71	5.31	5.14	1.17	5.71	2.91	2.54	1.31
19	重庆	65.24	7.90	15.33	14.65	5.55	5.31	1.26	7.29	3.70	2.87	1.37
20	山西	64.98	7.32	14.42	13.73	6.12	5.96	1.41	7.53	3.89	3.04	1.54
21	江西	63.36	7.67	15.11	14.65	5.23	5.06	1.19	6.80	3.52	2.79	1.35
22	河北	59.18	7.44	14.19	13.96	5.06	4.74	1.07	5.83	3.04	2.58	1.27
23	广西	58.41	7.10	13.73	13.28	4.90	4.65	1.09	6.68	3.22	2.45	1.31
24	新疆	58.35	7.44	15.33	15.11	4.25	4.16	0.94	5.22	2.55	2.20	1.14
25	内蒙古	56.75	7.10	13.73	13.28	4.49	4.25	0.96	5.95	2.91	2.75	1.33
26	山东	56.40	7.32	14.42	14.19	4.08	3.92	0.89	5.59	2.73	2.20	1.06
27	贵州	49.74	6.18	12.13	11.67	3.92	3.67	0.85	5.34	2.73	2.11	1.12
28	青海	49.61	5.72	11.90	11.67	3.84	3.67	0.87	5.22	2.55	2.83	1.33
29	宁夏	46.65	5.84	10.97	10.76	3.67	3.76	0.83	5.86	2.49	2.28	1.18
30	甘肃	44.14	5.15	10.07	10.30	3.43	3.59	0.81	4.62	2.37	2.58	1.23
31	西藏	41.71	4.81	9.84	9.16	3.35	3.27	0.72	4.49	2.13	2.62	1.33

对于绩效评估结果，从直观上来看，有以下两点感受：

首先，从各省得分的纵向来看，评估结果来中前五名中有四个是经济较为发达的省市，与之相对应的是西南和西北各省政府网站总体上排名靠后，倒数后十名政府网站中有八个是地处西部的省份，两者之间的分数差距达到了将近一倍之多。这似乎表明政府网站建设滞后与经济发展有一定关系。不过，在政府网站的评估结果中也会发现并非都是这种情况，如陕西省和四川省就位居前十，说明经济因素对于政府网站的发展来说并不是唯一的决定性因素。不过从总体上看，东部政府网站绩效普遍高于中西部地区的政府网站，排序是东部、中部、西部。

其次，从各项指标得分情况的横向来看，评估结果中以网站基础性指标得分为最高，且此项指标的分值差距较小，说明在网站建设的基础性建设上各个省份之间差别并不大，且技术上足以满足当前需要；而核心类指标公民参与得分一般，常规性指标即信息公开和在线办事得分较低，且核心类和常规性指标的分值各个身份之间差距较大，说明我国省级政府在网站建设中还需要注意公民参与、信息公开和在线办事等事项的建设，特别是对于信息公开和在线办事此类常规性事务项，更是需要在深度上下工夫，而不仅仅只是做足表面文章。

以上为根据公共治理理论的政府网站评测模型对我国各省政府网站进行了评估。这个网站评测模型和评估结果是否有效，即是否实现了当初评估的目标；另外，对于在政府网站建设中差距如此之大的原因是什么，哪些因素在影响着我国政府网站建设，这些都是需要我们认真思考的问题，这些问题将在下一章中进行分析。

第五章　政府网站评估的可靠性检验与相关因素分析

　　在上一章中，本书通过依据公共治理理论所构建的政府网站评测模型对我国省级政府网站建设进行了测评，并得出了相关结果。该评测体系是否科学，评测结果是否真实有效，这些都是需要进一步论证和思考的问题。此外，上一章对于各省纵向评估指标的分析认为绩效得分与经济发展有很大关系，那么除了经济因素之外，是否还有其他因素对其有影响，这也是需要我们思考的问题。因而本章将对该评测体系的有效性进行数据对比分析，同时对可能影响评估绩效的因素进行相关性分析，期望对于建设政府网站有所启发。另外，考虑到统计数据的规范性和准确性，故书中所收集的数据均来自政府部门或是权威研究机构。

第一节　政府网站评测模型和结果的可靠性考察

一、研究思路

　　一般来说，要检验某一种评测体系是否科学以及其结果是否有效，需要考察该评估结果是否客观反映了该评测体系的核心指标。为此，我们需要对公共治理理论下所构建的政府网站评测体系的核心指标——公众参与要素进行评测，并将政府网站评估结果与政府网站的公众参与度进行比较，分析二者的相关性。如果二者有较强的正相关关系，则表明该评测结果有效，如实反映了评测体系的核心指标即公众参与要素，同时也表明该评测体系是有效的。反之则

117

说明该评测结果或该评测体系无效。

二、调查和研究工具

基于对上述研究的需要，此处需要用到两种调查和研究工具：其一是调查政府网站公众参与度指标的工具 Alexa 网站，其二是研究二者相互关系的 SPSS 统计软件，以下就两类工具分别加以说明：

1. Alexa 网站排名

Alexa(www. alexa. com)创建于 1996 年 4 月，是一家以专业发布网站的世界排名而闻名的网站。Alexa 每天在网上搜集超过 1000GB 的信息，不仅给出多达几十亿个网址链接，而且为其中的每一个网站进行了排名。可以说，Alexa 是当前拥有 URL 数量最庞大，排名信息发布最详尽的网站。

（1）Alexa 浏览排名算法。

涉及 Alexa 的浏览排名的有三个指标：网站综合排名、访问量和页面浏览数。Alexa 每三个月会公布一次全球网站的综合排名，排名数据通过对 Alexa 工具条采样得到，根据网站链接数（Reach，即 Users Reach，访问量）和页面浏览数（PV，即 Pages Views）三个月累积的几何平均值，算出每个网站的排名。

影响网站排名的是 Reach 和 PV 这两个指标。所谓 Reach 即访问某个特定网站的人数，其值用访问某个特定网站的人数占所有 Internet 用户数的比例来表示，即 Reach =（访问人数/全部 Alexa 用户数）× 100%，Alexa 以每百万人作为计数单位，如果某网站的访问用户数为 2%，就是说，随意抽取一百万的 Internet 用户，其中有 20000 人访问该网站。而 PV 是指所有访问该网站的用户，每人每天浏览的独立页面数的平均。同一人、同一天、对同一页面的多次浏览，只记一次。①

此外，Alexa 网站还提供了其他统计指标，它们分别为：被其

---

① 李红. 你能看懂 Alexa 网站排名吗[J]. 电脑知识与技术，2006：117.

他网站链接的数量、速度(在用户浏览器上完全显示网站页面所需要的时间)和网站上线日期。

(2) Alexa 网站排名应用中的局限性。

首先,纳入统计的访问量仅来自使用 Alexa 工具栏(Alexa Toolbar)的用户。也就是说,只有用户下载了 Alexa 工具栏,并将其嵌入自己的浏览器,这样,该用户访问某个网站的话,访问的记录才能算作被访问网站的访问量,而 Alexa Toolbar 的采用率在全球各地有差异,受用户的语言、地域、文化等各方面的影响。因此英文网站相对于其他语言的网站,访问量数据更容易被充分地统计;其次,Alexa 工具栏仅在 Windows 操作系统下 Internet Explorer 浏览器中使用有效,使用其他操作系统或者浏览器的访问将不能被计数;最后,Alxea 工具栏在浏览受保护页面(Secure Pages)时会自动关闭,所以 Alxea 的流量数据由此会比真实数据要小一些。

尽管 Alexa 存在着一些不足的地方,但是就对比分析研究来说,我们仍然可以将 Alexa 的访问量排名作为一种行业分析的网上调研工具,通过建立 Alexa 访问量排名与独立用户数量的估算关系,可以很方便地对一个行业、一个领域,或者为了某种目的建立的一组样本网站的访问量进行比较分析。① 通过 Alexa 数据采样得到我国 31 个省级政府(不含中国港澳台地区,下同)网站的各指标值(见表 5-1)。

表 5-1　　　　　我国省级政府网站的 Alexa 数据采样

	地区	网站域名	访问量	流量排名	浏览页面数	被链接次数	速度(秒)/得分
1	上海	www. shanghai. gov. cn	84	12258	3.37	1819	2757Ms/28 分
2	北京	www. beijing. gov. cn	31.8	36207	2.58	2511	2494Ms/48 分
3	重庆	www. cq. gov. cn	22	50872	3.2	1186	2227Ms/54 分

---

① 王丹丹,庞景安.Alexa 网站排名的应用及相关问题思考[J].中国信息导报,2006(11).

续表

	地区	网站域名	访问量	流量排名	浏览页面数	被链接次数	速度(秒)/得分
4	云南	www.yn.gov.cn	18	67861	2.31	1002	625Ms/93分
5	广东	www.gd.gov.cn	14.3	80958	2.6	1201	1359Ms/75分
6	海南	www.hainan.gov.cn	13.4	85335	2.8	791	1942Ms/61分
7	四川	www.sc.gov.cn	10	121519	2.1	1051	1266Ms/77分
8	河南	www.henan.gov.cn	9.2	123080	2.8	1000	3340Ms/34分
9	浙江	www.zj.gov.cn	8.8	118309	3.3	135	2430Ms/49分
10	吉林	www.jl.gov.cn	8.1	137258	2.7	708	1704Ms/62分
11	甘肃	www.gansu.gov.cn	7.6	146111	2.4	740	1078Ms/82分
12	安徽	www.ah.gov.cn	7.3	168557	1.8	1060	1695Ms/68分
13	福建	www.fujian.gov.cn	6.8	159430	2.5	860	594Ms/83分
14	湖南	www.hunan.gov.cn	6.8	166690	2.5	1050	1047Ms/83分
15	辽宁	www.ln.gov.cn	6.1	182620	2.1	819	2535Ms/47分
16	陕西	www.shaanxi.gov.cn	5.6	186543	3	832	1156Ms/79分
17	黑龙江	www.hlj.gov.cn	5.2	191577	3.3	824	515Ms/95分
18	江西	www.jiangxi.gov.cn	5.4	206558	2.8	824	2547Ms/46分
19	天津	www.tj.gov.cn	5.5	207326	1.9	890	2000Ms/58分
20	湖北	www.hubei.gov.cn	5	211173	2.5	782	1352Ms/76分
21	江苏	www.jiangsu.gov.cn	4.7	215119	2.4	778	1614Ms/69分
22	河北	www.hebei.gov.cn	4.6	225889	2.7	882	2351Ms/52分
23	广西	www.gxzf.gov.cn	2.8	331619	3.4	472	2055Ms/56分
24	新疆	www.xinjiang.gov.cn	2.4	441151	2.7	545	1578Ms/69分
25	内蒙古	www.nmg.gov.cn	2.4	455345	1.9	559	1124Ms/82分
26	贵州	www.gzgov.gov.cn	2.3	458015	2.8	803	1148Ms/82分
27	青海	www.qh.gov.cn	1.7	541712	3	298	2259Ms/50分
28	山西	www.shanxigov.cn	1.2	699408	2.8	635	2495Ms/44分
29	山东	www.sd.gov.cn	0.9	789848	4.8	560	无数据
30	西藏	www.xizang.gov.cn	0.7	858712	3.5	92	无数据
31	宁夏	www.nx.gov.cn	0.8	906641	1.6	152	无数据

2. SPSS 统计软件

SPSS 是软件英文名称的首字母缩写，全称为"Statistical Product and Service Solutions"，意为"统计产品与服务解决方案"。作为世界上最早的统计分析软件，SPSS 目前已广泛应用于自然科学、技术科学、社会科学的各个领域，是世界上应用最广泛的专业统计软件。在本书中，主要运用 SPSS 软件对各种数据的相关性进行分析和对比，力求找出相关性特点及规律。

三、数据统计分析

运用 SPSS 统计分析软件强大的数据处理、分析、图形功能，将上一章中所得到的省级政府网站绩效评估结果(各省市自治区级门户政府网站绩效得分及排名见表 4-15)与省级政府网站 Alxa 数据采样值进行对比分析，分别获得省级政府网站绩效得分与用户访问量相关关系表(见表 5-2)和省级政府网站绩效得分与用户访问量相关关系散点图(见图 5-1)。

表 5-2　省级政府网站绩效得分与用户访问量相关关系表

		绩效得分	访问量
绩效得分	Pearson Correlation	1	0.557**
	Sig. (2-tailed)		0.001
	N	31	31
访问量	Pearson Correlation	0.557**	1
	Sig. (2-tailed)	0.001	
	N	31	31

注：**表示相关关系在 0.01 水平下显著(2-tailed)。

由表 5-2 和图 5-3 可知，省级政府门户网站绩效得分与用户访问量之间的相关系数为 0.557，且不相关的可能性为 0.001<0.01，表示两者之间存在较显著的正相关关系。这种较显著的相关关系表

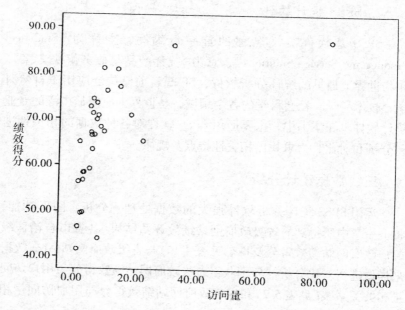

图 5-1　省级政府网站绩效得分与用户访问量相关关系散点图

明，绩效分数越高的政府网站，其用户访问量越大，网站的使用者就越多，表明公众的参与度越强，而公众的参与度正好是设计政府网站评测模型的核心因素。因此，从以上的分析可以得出，前一章中所设计的公共治理理论下的政府网站评测模型如实反映了其核心指标参与度因素，所做的评估也具备有效性。

第二节　政府网站发展与若干因素的相关性研究

在上一章中，我们对省级政府网站进行了绩效评估，评估结果显示，当前我国的政府网站建设成效地区差异较大。哪些因素在影响着政府网站的发展，其中又是哪些因素在起着主要作用，是我们所需要研究的问题。分析这些影响因素对政府网站建设的影响，是提出促进我国政府网站发展的对策建议的一个必不可少的前提。

为此，本书将首先利用 SPSS 统计软件对上一章中所得到的省级政府网站绩效评估结果进行统计分析研究，各省市的门户网站绩效评估中的得分情况，分别与各省、市、自治区信息化水平指数，各省、市、自治区 GDP 总量，各省、市、自治区人均 GDP 和各省、市、自治区的网民情况进行相关关系分析，在对各类因素相关性的分析之中，探求我国政府网站的发展之道。

一、省级政府网站绩效评估分析

利用 SPSS 统计软件对 31 个省、市、自治区城市政府网站绩效评估得分(各省市自治区级门户政府网站绩效得分及排名见表 4-15)以及基础指标、常规指标、核心指标分别进行统计分析，由表 5-3 可知：基础指标平均数为 4.3610，标准差为 0.64149，方差为 0.412；常规指标平均数为 22.1106，标准差为 4.52890，方差为 20.511；核心指标平均数为 39.3935，标准差为 7.00774，方差为 49.108。将这三项指标汇总成网站绩效，31 个省市自治区政府门户网站绩效平均数为 65.8335，标准差为 1.16900，方差为 136.656。

表 5-3　各省、市、自治区政府网站绩效评估得分统计分析表

		总分	基础指标	常规指标	核心指标
N	Valid	31	31	31	31
	Missing	0	0	0	0
Mean		65.8335	4.3610	22.1106	39.3935
Median		66.9700	4.3400	22.2100	41.4300
Std. Deviation		1.16900	0.64149	4.52890	7.00774
Variance		136.656	0.412	20.511	49.108
Skewness		−0.301	0.132	0.172	−0.562
Std. Error of Skewness		0.421	0.421	0.421	0.421
Kurtosis		−0.344	−0.462	−0.371	−0.252
Std. Error of Kurtosis		0.821	0.821	0.821	0.821
Minimum		41.71	3.23	13.96	23.81
Maximum		87.02	5.56	32.37	51.03

从统计分析可以看出：一方面，从总的绩效评估结果来看，省级政府网站的绩效平均分为65.8335，总体情况不是很好，还有待改进；另一方面，从各地政府网站的绩效差别来看，总分的方差达到了136.656，表明各地政府网站的绩效评估得分差别非常大，即存在着很大的地区性差异。从三项指标得分来分析，政府网站绩效评估各项指标得分中，基础性指标的差别非常小，方差仅仅为0.412，表明各省级政府网站的技术性基础差别并不大。核心指标的差别非常大，方差达到了49.108，表明各省级政府网站之间的公众参与度差别很大。常规指标的差别处于中间位置，方差为20.511，表明各省级政府网站之间的信息公开和在线办事仍有一定差距，但是相对于公众参与指标来说，地区间差别还不是太大。

二、省级政府网站绩效得分与各省信息化水平指数相关度分析

信息化发展指数（Informatization Development Index，IDI）从信息化基础设施建设、信息化应用水平及制约环境，以及居民信息消费等方面综合性地测量和反映一个国家或地区信息化发展总体水平。信息化发展总指数由5个分类指数和10个具体指标构成。其中基础设施指数所包含的主要指标为电视机拥有率、固定电话拥有率、移动电话拥有率和计算机拥有率；使用指数按照每百人互联网用户数进行测评；知识指数按照教育指数进行测评（成人识字率×2/3+平均受教育年限×1/3），而环境与效果指数则包括信息产业增加值占国内生产总值（GDP）比重、信息产业研究与开发经费占国内生产总值（GDP）比重、人均国内生产总值（GDP），信息消费指数即为信息消费系数。根据国家统计局的测算，2006年我国各地区信息化分类指数如表5-4所示。

表 5-4　　　　　　　2006 年中国各地区信息化分类指数①

地区	基础设施指数	使用指数	知识指数	环境与效果指数	信息消费指数	总指数
全国合计	0.376	0.799	0.776	0.528	0.545	0.609
北京	0.802	0.919	0.866	0.918	0.807	0.868
上海	0.817	0.913	0.851	0.707	0.679	0.812
天津	0.528	0.896	0.841	0.624	0.593	0.708
浙江	0.624	0.872	0.768	0.552	0.511	0.689
广东	0.571	0.872	0.809	0.541	0.504	0.681
江苏	0.500	0.829	0.778	0.547	0.570	0.654
福建	0.504	0.837	0.758	0.491	0.618	0.647
辽宁	0.431	0.808	0.823	0.536	0.533	0.635
陕西	0.333	0.800	0.782	0.569	0.564	0.610
吉林	0.371	0.793	0.812	0.489	0.561	0.607
山东	0.378	0.816	0.776	0.480	0.552	0.605
山西	0.324	0.808	0.819	0.456	0.640	0.602
重庆	0.408	0.766	0.765	0.514	0.493	0.599
黑龙江	0.347	0.789	0.811	0.461	0.555	0.594
湖北	0.343	0.786	0.777	0.513	0.527	0.593
河北	0.339	0.784	0.795	0.441	0.546	0.583
内蒙古	0.324	0.748	0.778	0.438	0.680	0.579
海南	0.327	0.833	0.781	0.421	0.462	0.577
新疆	0.367	0.762	0.797	0.410	0.516	0.575
湖南	0.300	0.743	0.796	0.465	0.536	0.567
江西	0.296	0.746	0.773	0.438	0.620	0.565
宁夏	0.322	0.752	0.734	0.460	0.569	0.564
四川	0.308	0.775	0.740	0.494	0.457	0.563

————————

①　杨京英，杨红军：《2007 年中外信息化发展指数（IDI）研究报告》，《中国信息年鉴——2008》，中国信息年鉴编辑部，2008 年 11 月。全文地址：http://www.cia.org.cn/subject/subject_08_xxhzt_1.htm.

续表

地区	基础设施指数	使用指数	知识指数	环境与效果指数	信息消费指数	总指数
广西	0.303	0.767	0.795	0.429	0.469	0.559
安徽	0.313	0.726	0.723	0.479	0.539	0.554
河南	0.289	0.725	0.780	0.414	0.571	0.550
青海	0.301	0.749	0.692	0.434	0.544	0.542
甘肃	0.274	0.732	0.678	0.479	0.593	0.542
云南	0.238	0.738	0.705	0.431	0.464	0.518
贵州	0.209	0.682	0.696	0.433	0.506	0.499
西藏	0.222	0.729	0.481	0.480	0.273	0.457

通过 SPSS 统计软件对全国各地区信息化总指数的得分的分布特征及其地区差别进行初步分析。用算术平均数、标准差、最小值、最大值、下四分位数、中位数、上四分位数等 7 项指标表征各指标数据的集中和离散程度趋势，得到统计分析表(见表 5-5)和得分箱形图(见图 5-2)。

表 5-5   2006 年各地区信息化水平总指数得分统计分析表

N	Valid	31
	Missing	0
Mean		0.60316
Median		0.58300
Mode		0.542
Std. Deviation		0.082962
Variance		0.007
Skewness		1.511
Std. Error of Skewness		0.421
Kurtosis		3.318
Std. Error of Kurtosis		0.821
Minimum		0.457
Maximum		0.868
Sum		18.698
Percentiles 25		0.55900
50		0.58300
75		0.63500

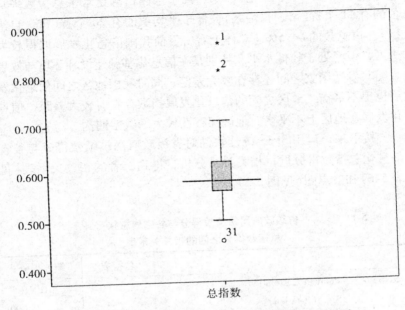

图 5-2　2006 年各地区信息化水平总指数得分的箱形图

由 2006 年各地区信息化水平总指数得分统计分析表和 2006 年各地区信息化水平总指数得分的箱形图可以看出，我国信息化水平总指数的得分除去特异值北京市（图中用数字 1 处星号表示）的 0.868 和上海市（图中用数字 2 处星号表示）的 0.812 外，修正箱形图上箱体长、上胡须长，所以这个数据集合的数值有点向低端偏斜，说明我国信息化水平整体偏低。

全国信息化水平总指数最高的是北京市，它集中了全国的信息化主干力量，处于遥遥领先的地位，上海市作为全国经济中心，其信息化水平已经明显高于一般省市。北京市和上海市的五个分类指数均远高于全国平均水平，特别是北京、上海两市的基础设施指数，大大高于其他各省、市、自治区，使其发展具备了坚实的基础。由于北京、上海信息化各分类指数均比较高，其五个要素相对比较均衡地发展。

127

在 31 个省(市、自治区)中，高于全国信息化水平总指数平均值的有 11 个省(市、自治区)，低于平均值的有 20 个省(市、自治区)，占总数的 64.5%。总体上看，目前我国信息化发展取得较大进展，但尚处于较低水平，特别是在信息化基础建设和环境与效果方面与发达国家之间还存在较大差距；同时我国地区之间信息化发展也很不平衡，地区之间的信息化发展指数存在着较大差距，信息化发展在地区上不平衡，地区间存在较大的数字鸿沟。

接下来，运用 SPSS 统计软件对省级政府网站绩效得分与各省信息化总指数得分进行相关关系分析，得到二者的相关关系表(见表 5-6)和散点图(见图 5-3)。

表 5-6　　　　省级政府网站绩效得分与各省信息化
总指数得分之间的相关关系表

		总指数	绩效得分
总指数	Pearson Correlation	1	0.716**
	Sig.（2-tailed）		0.000
	N	31	31
绩效得分	Pearson Correlation	0.716**	1
	Sig.（2-tailed）	0.000	
	N	31	31

注：**表示相关关系在 0.01 水平下显著(2-tailed)。

从省级政府门户网站评估绩效与各省信息化总指数得分之间的相关关系表可以看出，省级政府门户网站绩效得分和信息化总指数得分的相关系数为 0.716，统计检验相伴概率为 0.000<0.01，在 0.01 的显著性水平上，拒绝零假设，认为有较显著的正相关关系。也就是说，信息化水平越高的地方，其省级政府网站绩效得分越高。这表明大多数省市政府网站与整个信息化呈正相关关系。

三、各省政府网站绩效得分与各省网民人数相关度分析

根据中国互联网络信息中心(CNNIC)发布的第 23 次《中国互

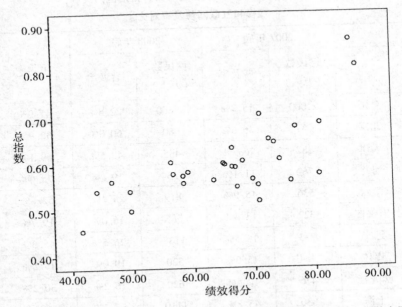

图 5-3　省级政府网站绩效得分与各省信息化总指数得分之间相关关系散点图

联网络发展状况统计报告表》(2009 年 1 月),中国网民规模依然保持快速增长之势,截至 2008 年 12 月 31 日,中国网民规模达到 2.98 亿人,普及率达到 22.6%,超过全球平均水平(21.9%);①网民规模较 2007 年增长 8800 万人,年增长率为 41.9%。尽管中国的网民规模和普及率持续快速发展,但是由于中国的人口基数大,互联网普及率在全球各个国家和地区中只能排在第 87 位,表明我国互联网发展的普及程度仍处于较低水平,还有较大提升空间。

通过 SPSS 统计软件对全国及各省、市、自治区网民规模和互联网普及率(见表 5-7)进行初步分析,得到 2008 年各省、市、自治区网民规模统计分析表(见表 5-8)和网民规模箱形图(见图 5-4)。

---

① 参见 http://www.internetworldstats.com;对比的其他国家和地区互联网普及率为 2008 年 6 月底数据。

表 5-7　　　**2007—2008 年全国及各省、市、自治区网民**
规模和互联网普及率对比①

	2007 年底		2008 年底		增长率
	网民数（万人）	普及率	网民数（万人）	普及率	
全国	21000	15.9%	29800	22.6%	41.9%
北京	737	46.6%	980	60.0%	32.9%
天津	287	26.7%	485	43.5%	69.1%
河北	762	11.1%	1334	19.2%	75.0%
山西	536	15.9%	819	24.1%	52.8%
内蒙古	322	13.4%	385	16.0%	19.7%
辽宁	783	18.3%	1138	26.5%	45.3%
吉林	434	15.9%	520	19.0%	19.8%
黑龙江	476	12.5%	620	16.2%	30.2%
上海	830	45.8%	1110	59.7%	33.7%
江苏	1757	23.3%	2084	27.3%	18.6%
浙江	1509	30.3%	2108	41.7%	39.7%
安徽	587	9.6%	723	11.8%	23.1%
福建	866	24.3%	1379	38.5%	59.3%
江西	511	11.8%	610	14.0%	19.5%
山东	1256	13.5%	1983	21.2%	57.9%
河南	956	10.2%	1283	13.7%	34.2%
湖北	706	12.4%	1050	18.4%	48.7%
湖南	690	10.9%	999	15.7%	44.7%
广东	3344	35.9%	4554	48.2%	36.2%

---

　　① 中国互联网络信息中心．第 23 次中国互联网络发展状况统计报告
［EB/OL］．［2009-02-20］．http://www.cnnic.cn/uploadfiles/pdf/2009/1/13/92458.
pdf.

续表

	2007 年底		2008 年底		增长率
	网民数（万人）	普及率	网民数（万人）	普及率	
广西	560	11.9%	734	15.4%	31.1%
海南	144	17.2%	216	25.6%	49.9%
重庆	356	12.7%	598	21.2%	67.9%
四川	809	9.9%	1103	13.6%	36.4%
贵州	224	6.0%	433	11.5%	93.4%
云南	303	6.8%	548	12.1%	81.0%
西藏	36	12.7%	47	16.4%	29.5%
陕西	517	13.9%	790	21.1%	52.8%
甘肃	219	8.4%	327	12.5%	49.5%
青海	60	11.0%	130	23.6%	117.4%
宁夏	61	10.1%	102	16.6%	66.4%
新疆	363	17.7%	625	27.1%	72.1%

表 5-8　**2008 年各省、市、自治区网民规模统计分析表**

		网民数	普及率
N	Valid	31	31
	Missing	0	0
Mean		961.84	0.242387
Std. Deviation		858.226	0.1349634
Variance		7.366E5	0.018
Minimum		47	0.1150
Maximum		4554	0.6000
Percentiles	25	485.00	0.154000
	50	734.00	0.192000
	75	1138.00	0.271000

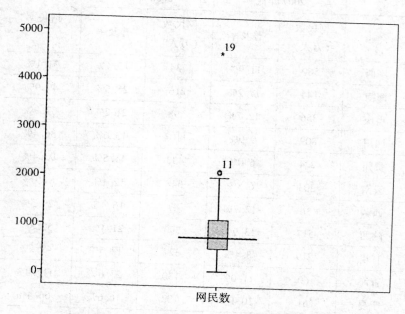

图 5-4 2008 年各省、市、自治区网民规模箱形图

从各省、市、自治区网民规模统计分析表和人数箱形图可以看到，除去外围值广东省的 4554 万人（图中用数字 19 处星号表示）和浙江省的 2108 万人（图中用数字 11 处圆圈表示）以及江苏省的 2084 万人（图中用数字 11 处圆圈表示，与浙江圆圈接近重合），修正箱形图上箱体长、上胡须长，所以各省、市、自治区网民人数分布偏向低端。各省、市、自治区网民平均人数为 961.84 万人，网民最少的省份仅 47 万人。

接下来，运用 SPSS 统计软件对省级政府网站绩效得分与各省网民规模进行相关关系分析，得到二者的相关关系表（见表 5-9）和散点图（见图 5-5）。

表 5-9   省级政府网站绩效得分与各省、市、
            自治区网民人数之间的相关关系表

		网民数	绩效得分
网民数	Pearson Correlation	1	0.423*
	Sig.（2-tailed）		0.018
	N	31	31
绩效得分	Pearson Correlation	0.423*	1
	Sig.（2-tailed）	0.018	
	N	31	31

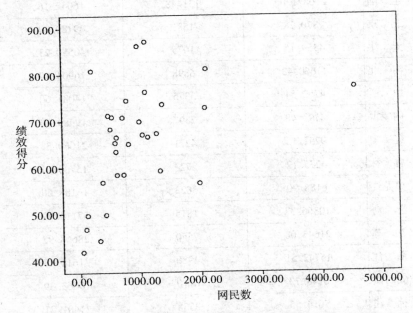

图 5-5 省级政府网站绩效得分与各省网民人数之间的相关散点图

从表 5-9 中可以看出，各省网民数与政府网站绩效得分的相关
系数为 0.423，统计相伴概率为 0.018<0.05，可以认为它们有显著
的相关性。也就是说，网民数目越多的省份，其政府网站建设的绩

效得分越高,二者成正比。

四、各省级政府网站绩效与各省、市、自治区 GDP、人均 GDP 相关度分析

我国各地经济水平差异较大(见表 5-10),而经济因素对于政府网站的发展来说是一个与之紧密关联的重要条件。下面就对二者之间的关系进行考察。

表 5-10　全国及各省、市、自治区国民生产总值和人均国民生产总值①

地　区	地区生产总值(亿元)	总人口(年末)(万人)	人均国民生产总值(元)
全　国	210871.0	131448	16042.16
北　京	7870.28	1581	49780.39
天　津	4359.15	1075	40550.23
河　北	11660.43	6898	16904.07
山　西	4752.54	3375	14081.60
内蒙古	4791.48	2397	19989.49
辽　宁	9251.15	4271	21660.38
吉　林	4275.12	2723	15700.04
黑龙江	6188.90	3823	16188.60
上　海	10366.37	1815	57114.99
江　苏	21645.08	7550	28668.98
浙　江	15742.51	4980	31611.47
安　徽	6148.73	6110	10063.39
福　建	7614.55	3558	21401.21
江　西	4670.53	4339	10764.07
山　东	22077.36	9309	23716.15

---

① 国家统计局. 中国统计年鉴 2007. [EB/OL]. [2008-12-08]. http://www.stats.gov.cn/tjsj/ndsj/2007/indexch.htm.

续表

地　区	地区生产总值(亿元)	总人口(年末)(万人)	人均国民生产总值(元)
河　南	12495.97	9392	13304.91
湖　北	7581.32	5693	13316.92
湖　南	7568.89	6342	11934.55
广　东	26204.47	9304	28164.74
广　西	4828.51	4719	10232.06
海　南	1052.85	836	12593.90
重　庆	3491.57	2808	12434.37
四　川	8637.81	8169	10573.89
贵　州	2282.00	3757	6074.00
云　南	4006.72	4483	8937.59
西　藏	291.01	281	10356.23
陕　西	4523.74	3735	12111.75
甘　肃	2276.70	2606	8736.38
青　海	641.58	548	11707.66
宁　夏	710.76	604	11767.55
新　疆	3045.26	2050	14854.93

　　运用 SPSS 统计软件对省级政府网站绩效得分与各省、市、自治区 GDP、各省、市、自治区人均 GDP 进行相关关系分析,分别得到它们的相关关系表和散点图(见表 5-11、图 5-6、图 5-7)。

表 5-11　省级政府门户网站绩效得分与各省、市、自治区 GDP、
各省、市、自治区人均 GDP 的相关关系表

		GDP	人均 GDP	绩效得分
GDP	Pearson Correlation	1	0.428*	0.393*
	Sig. (2-tailed)		0.016	0.029
	N	31	31	31

续表

		GDP	人均 GDP	绩效得分
人均 GDP	Pearson Correlation	0.428 *	1	0.594 **
	Sig. （2-tailed）	0.016		0.000
	N	31	31	31
绩效得分	Pearson Correlation	0.393 *	0.594 **	1
	Sig. （2-tailed）	0.029	0.000	
	N	31	31	31

注： *表示相关关系在 0.05 水平下显著(2-tailed)；
　　**表示相关关系在 0.01 水平下显著(2-tailed)。

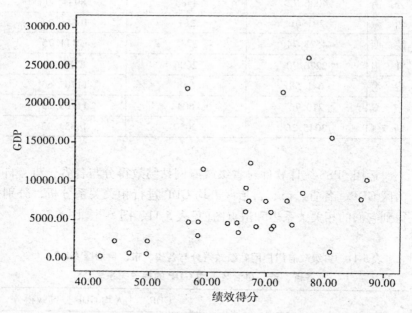

图 5-6　省级政府门户网站绩效得分与各省、市、自治区 GDP 的相关散点图

从表 5-11 中可以看出，省级政府门户网站绩效得分与各省、市、自治区 GDP 之间的相关系数为 0.393，统计检验的相伴概率为 0.029<0.05，可以认为我国省级政府网站绩效得分与各省、市、

136

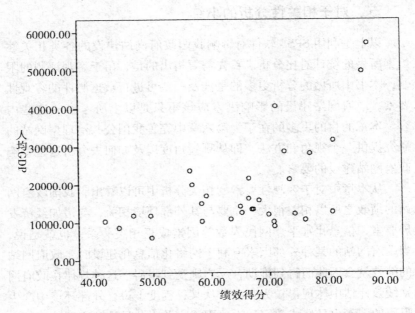

图 5-7 省级政府门户网站绩效得分与各省、市、自治区人均 GDP 的相关散点图

自治区 GDP 之间有一定的相关关系。这一点，由省级政府网站绩效得分与各省、市、自治区 GDP 之间相关关系散点图也可以得到验证。省级政府网站绩效得分与 2007 年人均 GDP 之间的相关系数为 0.428，不相关的可能性为 0.0000<001，可以认为我国省级政府网站绩效得分与各省、市、自治区人均 GDP 之间存在较为显著的相关关系。这一点，由省级政府网站评估绩效得分与各省、市、自治区人均 GDP 之间相关关系散点图也可以得到验证。

另外，需要说明的是，上述统计数据所得出的结论是就整体的概率而言。在分析中也可以发现，某些 GDP 较高的省份（如山东省）政府网站的绩效排名不一定靠前，而某些 GDP 落后的省份（如海南省）政府网站的绩效排名不一定靠后，这表明在推动政府网站建设方面可能会受到政府内部的推动力因素的影响，这些不可测量性因素也是我们在建设政府网站中所需要考虑的因素。

五、对于相关性分析的小结

以上是利用 SPSS 软件对影响我国政府网站建设的各类相关性因素所做的统计对比分析。首先需要指出的是，出于客观评测的限制，本书中所做的分析更多的是涉及一些可进行数据测评的客观性要素，政府网站建设的影响因素应该不只是以上所考察的这些内容。本章的目的更多的在于为第六章中完善我国公共治理型网站的研究提供一个视角和方法，即从哪些角度以及如何去分析这些影响政府网站建设的要素。

从本章中对于客观性要素的相关分析中可以看出，我国政府网站的绩效之所以相差很大，主要与其外部环境相关，与诸如经济发展要素、信息化水平、网民人数等因素成正相关关系，也就是说，当政府网站的某种外部因素有利于网络化信息化建设时，政府网站的绩效就会因此而得到推动，反之则受到阻碍。这种规律在政府网站绩效评估中体现得较为突出。从某种程度上说，外部环境中产生阻碍的因素也是造成数字鸿沟的因素，并由此导致政府网站建设中公共治理因素的不足。对此的理解为政府网站绩效评估的核心性因素为参与性因素，因为各类外在环境因素会影响到民众的参与性，从而会影响到政府网站绩效。

此外，从客观性要素相关性分析中我们还可以看出，尽管政府网站绩效和外部环境的关系非常密切，但并不是唯一的决定性因素。例如在分析中我们发现，经济大省山东在绩效排名中较为靠后，而经济上并不突出的省份如海南、山西等省份在绩效排名中却位居前列。这种情况的出现说明，除了外在环境的影响之外，还有内在性因素影响着民众对于政府网站的参与，影响着它的绩效，这些内在性因素包括领导人因素。尽管由于主观性因素难以测量的原因，没有在本章中对其进行一一分析，但是我们可以从中了解到内在因素也是影响政府网站参与度的原因，因此在建设政府网站中我们对此也要加以重视。

通常来说，政府网站的发展会受到内部要素和外在环境等多种因素的影响。内部要素主要是指政府内部行政力量的推动，这些力量主要是政府网站自身提供在线办事以及公共服务的能力等因素；而政府网站的外在环境要素则主要包括当地经济发展水平、网络基础设施、互联网发展水平的影响，这些是政府网站发展的经济、社会与科技的外在推动力。在下一章对我国建设公共治理型政府网站的对策和建议中就从这两个方面着手进行分析和研究。

第六章　完善我国公共治理型政府网站建设的对策与建议

综合前文所进行的分析，政府网站的核心功能是促进公民、企业和非营利组织等多元主体的广泛参与以及与政府部门之间的持续交流。依据公共治理理论，参与的主体越多，为政策制定所提供的各方面的信息和各类社会群体的利益诉求就越全，从而越有助于实现各个主体的共同利益，而政府、公民、企业和非营利组织之间的交流则有助于增进主体各方对于政策的理解和支持，使公共政策的执行更为顺畅。因此，在政策网络形成过程中扮演"元治理"角色的政府，应该尽可能地让各个主体通过政府网站这个平台参与到政策议题中，借助网络的开放性、平等性、快捷性以及超时空性，提高参与的广泛度，提升决策的科学性，提升政策法规以及政府本身的合法性。

尽管我国政府网站经过近十年的建设与发展，在数量、质量以及效果与影响力等诸多方面都有较大提升，已经初步具备了提供公共服务并进行双向交流的平台功能，但是与实现真正意义上的多元主体参与交流平台仍有较大差距。本章在第五章对于影响政府网站建设的若干相关因素分析的总结基础上，对我国政府网站建设中所存在的问题加以分析，并就如何完善政府网站建设提出具体建议。

第一节　当前我国政府网站建设中存在的问题

如前所述，影响我国当前的政府网站发展的最主要的问题为公众参与度和满意度不够。《中国青年报》社会调查中心于 2008 年 12

月通过新浪网对 1110 人进行的一项调查显示，仅有 28.3% 的人会经常访问政府网站，57.3% 的人会偶尔访问，还有 14.4% 的人从来没访问过政府网站。另外，在调查中还有 61.3% 的人对政府网站感到不满意，32.0% 的人感觉一般，不到 7% 的人表示满意。①

按照第五章的分析，我国政府网站的公众参与度低主要受制于内部要素和外部环境两个联系紧密、互相影响的因素，政府网站的发展是一个动态的过程，在其发展初期，后者为矛盾的主要方面，外在环境决定了政府对其网站建设的投入以及民众对其的使用度；但当政府网站建设的外在环境因素差别不是那么大时，公众是否接受政府网站服务、接受服务的民众比例、接受的具体方式等诸多因素将逐渐取决于政府网站是否符合预期等问题，也就是说第一个问题将转变为矛盾的主要方面。

而政府网站建设的内在不足源于两个方面：政府网站自身服务平台建设不够完善、人才缺乏、领导机制不力以及安全问题等；而政府网站建设的外在环境问题主要为数字鸿沟、资金缺乏以及法律法规供给不足等问题。下面就这些问题进行分析。

一、政府网站服务平台建设的不足

政府网站是政府向公民、企业和非营利组织提供服务的载体。公众、企业和非营利组织通过政府网站享受到政府所提供的信息和服务并和政府广泛交流，因此用户导向是政府网站建设的总体指导思想，具体表现为全面的政务信息和完善的在线服务等。但是当前我国许多政府网站在服务平台的建设上与西方发达国家还存在着较大差距，具体分析如下：

（1）政务信息来源资源不足。从我国各级政府网站的信息内容来看，存在的问题主要有以下几个方面：第一，重要政务信息数量少、来源单一，由于政府网站缺乏政务新闻采访和网站记者，只能

① 参见新华网文章《政府网站，应该"全心全 e"为人民服务》，http://media.people.com.cn/GB/22114/86916/86917/8827680.html（查询时间：2009-02-20）.

从其他新闻网站或是报刊进行转载，时效性差。第二，各级政府网站的部门相关信息是从所属各部门网站上获得，但下级部门网站在信息质量、数量上参差不齐，部门信息没有保障。第三，政策文件、人事任免、领导讲话等公众最为关心的政务信息发布时间明显滞后，与公众对于信息时效性的要求相距甚远。第四，许多政府网站只有静态内容的介绍，欠缺动态信息交流。有的政府网站与公众交流沟通的手段单一，发布的政务信息内容范围狭窄、深度不够。第五，从信息公开和信息发布总体情况来看，政府网站与政府部门业务脱节，只是把网站作为介绍政府机构、宣传领导的平台，存在与部门工作联系不紧、脱离业务实际等问题。所发布的政务信息的权威性、时效性与专业性较差，制约了政府网站的信息发布实际效果。

（2）提供在线服务能力不强。目前，各级政府网站大多按照服务对象和网站职能，开设了企业服务、市民办事、政务公开、资讯服务等频道，并以此为主题利用网络信息技术手段整合相关部门信息资源，但各个部门网站之间缺乏统一的技术标准和服务规范，各级和各部门政府网站的服务内容、服务方式、服务手段和服务要求无法统一，从而使得政府网站应该提供的网站服务导航、用户注册和身份认证、隐私保护、在线咨询、资料下载等各类服务功能只能部分实现，无法体现政府网站所倡导的"一站式"的作用。一些网站虽然提供表格下载、网上预审等功能，但能够真正地完成网上全部办理的服务项目并不多；相当部分网站还停留在将现有业务电子化的阶段，缺乏有效的部门间信息共享和业务协同；大多数网站还没有真正起到促进业务流程优化和政府管理创新的作用。很多政府网站目前还是有什么上什么，在服务项目和业务资源整合方面差距较大。① 许多地方政府网站无法提供涉及民众生活的住房公积金、养老保险、医疗保险查询、教育资源查询、交通违章查询、企业年检、证照办理等各类服务。有的政府网站尽管开设了相应服务窗

① 赵建青. 我国政府网站建设的现状与路径探析[J]. 中国行政管理，2007（6）：52.

口，但由于相关部门没有与之联网，在线办理和发布形同虚设；目前完全做到公众外网受理、政府网站内网办理、公众网站外网反馈流程的政府网站并不太多。

（3）政民互动功能不强。首先，尽管很多政府网站均已设置"领导邮箱"、"在线访谈"、"在线投诉"等与公民、企业和非营利组织沟通交流的机制，但目前仍存在一定的局限性。这些栏目普遍存在的问题是对于公众留言的回复不及时，回复率不高，很多民众反映的问题得不到满意和有效的答复。存在问题的相关政府部门还没有相应的负责机制，对于相关的需求或是投诉往往只是解释性答复或是干脆踢皮球；政府网站对于各个政府部门没有设置统一的答复要求和标准，回复的办理过程及领导批示尚做不到全程公开。其次，政府与公民、企业和非营利组织之间的互动论坛尚未完全构建完毕，各级政府及各个部门参与论坛对话交流的意愿不高，远远不能满足老百姓的需要。政府网站的互动论坛功能亟待加强。

（4）评估考核机制尚不完善。首先，尽管国务院信息化办公室和各个省级政府网站相关主管部门从2004年就开始就着手制订并实施各级政府网站评估和考核方案，以评估和考核带动政府网站建设，但是大部分地方各级政府对此项工作却不太重视，缺乏完整有效的测评体系；其次，地方政府目前并未将政府网站工作列入相应的政府工作考核目录，这使得地方政府对于其网站建设缺乏动力。政府网站考核督察机制的缺乏，使得对于政府网站的政务信息公开机制、政民互动机制、网上审批机制缺乏有效评估与考核，造成地方各级政府和各个部门认为网站建设做好做坏都一样，这使得地方各级政府和各个部门的领导对于政府网站的重要性认识不够深，无法真正将实际政务与政府网站的建设和发展相结合。

二、缺乏强有力的统一领导

对于建设高绩效的政府网站来说，要实现的不仅仅是网络信息技术上的发展与创新，更重要的是政府管理创新，其中起决定性作用的是管理体制；而在管理体制中，能否集中统一管理是政府网站建设持续健康发展的关键与基本保证。政府网站建设需要合理稳定、权责相当的管理体制，即我国的政府网站建设必须要统一指挥和领导，制订整体规划与总体方案，并对建设管理作出具体指导。而各级政府网站建设必须有"法律责任人"，拥有权力，承担责任，对其成败负责，并成为绩效考核的主体。但是纵观我国包括政府网站在内的电子政务管理体制的发展，情况却并不尽如人意。

2000年，为了应对全球信息化建设浪潮的挑战，党的十五大会议提出"以信息化带动工业化，发挥后发优势，实现社会生产力的跨越式发展"，把信息化建设提到了战略的高度。2001年8月国家信息化领导小组重新组建，以推进我国信息化建设。时任中央政治局常委、国务院总理朱镕基任国家信息化领导小组组长；组建国务院信息化工作办公室，作为国家信息化领导小组的常设办事机构，原发改委主任曾培炎兼任第一任国信办主任。应该讲这个机构的权威性是不容置疑的，然而，在实际工作中，以国务院信息化领导小组为核心的包括政府网站建设职能在内的电子政务领导体系的运作却差强人意。

首先，国家信息化领导小组是一个跨大系统的机构，成员跨党政军、人大、政协，而其办事机构却是国务院的一个非常设机构，其功能更像是一个咨询机构：即在发现问题后上报国家信息化领导小组，由领导小组做出决策。无法对包括政府网站建设在内的电子政务进行强有力的统一领导和规划。

其次，国家信息化领导小组只是一年甚至两年才开一次会议，其职能更多的是在宏观层面上来进行工作。因而中央政府层面的日常工作中发现的问题，大量需要协调的问题，基本上无法解决；同时也无法对地方政府层面涉及政府建设的一些关键问题做出明确规定，包括政府网站建设在内的电子政务各方面的工作要由各个政府部门自行完成，部门间又缺乏较好的协调机制，这些也是造成中国各个政府网站各自为"站"的根本原因。这种制度创新上的不足在七年中一直没有得到改善，使得国信办的工作变得困难重重，从而使得包括我国政府网站建设在内的整体电子政务建设缺乏强有力的统一领导。

例如，2002年7月，国家信息化领导小组召开第二次会议，通过了《国家信息化领导小组关于我国电子政务建设指导意见》(即17号文件)，文件中提出了"政府先行，带动国民经济和社会信息化"的指导方针和建设"一站、两网、四库、十二金"的宏伟目标，一站即政府门户网站，两网即政务内网和政务外网，四库即建立人口、法人单位、空间地理和自然资源、宏观经济等四个基础数据库，十二金则是要重点推进办公业务资源系统等十二个业务系统。这些电子政务的重大建设目标中，很多都是跨系统的，比如包括党委、人大、政府、政协、高法、高检在内的"内网"、"外网"建设等。对于这些跨系统的目标，国家信息化办公室作为国家信息化领导小组的办事机构，应当成为这项跨大系统建设的组织者和协调者，但是由于国家信息化办公室没有被赋予这项职能，故而政府网站建设缺乏统一领导，各个部门之间的协调工作困难重重：发改委主管政府网站项目的审批，财政部主管电子政务资金的拨付，国信办主管电子政务政策标准的制定，还有许多部门出台各种电子政务试点示范项目建设，政出多门，审查各异，管理上差异巨大。而地方政府层面的情况也是如此，虽然各地有信息化办公室、电子政务建设指导小组、信息产业局、政府办公室等领导机构，但却缺乏一个强有力的领导部门。现在的现状是权力分散，各部门争夺利益，缺乏全局性，在业务协调、经费统筹、人才保障等方面无法形成权威性的领导，相互争夺建设资金、分头发布规划纲要、各自成立建设维护机构等。电子政务信息链的断裂，容易造成网站内容与政务工作脱节，资源整合和部门协调不力，民众的需求无法实现，从而导致政府网站建设绩效的低下。

电子政务的关键在于政务，电子只是手段。单纯以信息化办公室为中心主导网站建设，使得包括政府网站建设在内的电子政务管理体制存在着先天不足，没有总体规划导致的各自为政和各行其是的政府网站建设状况一直延续至今，造成跨部门政务协同困难，政府网站的规划与实施、组织与执行、指挥与协同、应用与监管、技术与政务相互脱节，缺乏统一、全局的电子政务顶层设计和全面规划。由于没有统筹规划，目标不明确，标准不统一，一些地方处在混乱无序的状态，形成了很多在权力保护下的信息孤岛，缺乏共享的、网络化的信息资源。这表现在：首先，条块分割的行政管理体制及运作方式与政府网站系统的统一性、开放性、交互性和规模经济要求不适应，与后台协调一致的工作流程要求也相距甚远，严重阻碍了政府网站建设；其次，统一的政务网络平台无法形成，"纵强横弱"影响资源共享和业务协同，政务资源开发利用效率不高；最后，发展不平衡。主要体现在各部门政府、城乡地区政府在政府网站的认识和应用推进力度上存在差距。

三、数字鸿沟的客观存在

包括政府网站建设在内的电子政务对发展中国家尤其是像中国这样的发展不均衡的发展中大国来说，其影响无疑是一把双刃剑。一方面，政府网站的建设，为信息和知识的扩散与传播提供了最为有效的途径。通过政府网站等多种渠道，政府可以向更广大范围的民众以更高的效率进行政务信息的发布和政务服务的提供，而广大民众也可以通过政府网站表达个人意见并参与决策。从这个角度来看，政府网站的建设和电子政务的发展有助于促进社会的公平。但是在另一方面，政府网站的实施效果可能因为个体的性别、受教育程度、社会经济地位以及居住的地理区域等多种因素的差别而产生差异，使得人们在信息的可接入性、信息接收的能力以及利用信息资源的能力方面存在差异，导致信息的富有者和信息的贫穷者产生，形成"数字鸿沟"这种新的不公平局面。由于我国目前还是一个发展中国家，加上尚处于信息技术的初步阶段，故我国的数字鸿沟比美国等发达国家要大得多。

当前我国的数字鸿沟主要表现为以下三个方面：

1. 地区间数字鸿沟

地区间数字鸿沟是指各地区在拥有和使用现代信息技术方面存在的差距。从实际情况来看，地区差异是目前我国"数字鸿沟"的主要方面。按照国家统计局统计信息中心副主任杨京英等在《2007年中外信息化发展指数（IDI）研究报告》中对于全国 31 个省市（自治区、直辖市）所进行的五类地区划分结果，第一类地区的北京市

146

和上海市的信息化发展总指数已经分别达到 0.868 和 0.812,接近信息发展中高水平的日本(世界排名第 11 位)和意大利(世界排名第 16 位),相当于全国平均水平的 1.38 倍。而第五类地区的西藏自治区信息化发展总指数只有 0.457,相当于全国平均水平的75%,相当于第一类地区的54%(见表 6-1)。以上的比较表明,我国各地区之间的信息化发展指数存在着较大差距,信息化发展在地区上不平衡,地区间存在较大的数字鸿沟。

表 6-1　　2006 年全国及信息化五类地区总指数与分类指数①

	基础设施指数	使用指数	知识指数	环境与效果指数	信息消费指数	总指数
全国合计	0.376	0.799	0.776	0.528	0.545	0.609
第一类地区	0.809	0.916	0.859	0.812	0.743	0.840
第二类地区	0.456	0.833	0.797	0.528	0.565	0.644
第三类地区	0.328	0.764	0.775	0.455	0.539	0.573
第四类地区	0.256	0.725	0.693	0.444	0.526	0.525
第五类地区	0.222	0.729	0.481	0.480	0.273	0.457

　　无论是从网民规模还是从互联网普及率来看,东部沿海地区都是我国互联网消费的核心地区。这种巨大的数字鸿沟的形成根源在于各地经济发展水平和收入水平的严重失衡。东部地区经济发展水平明显高于中西部地区。一方面,由于地区接入互联网离不开一定的物质条件,需要拥有骨干网等基础设施,因而经济发展水平好的地区这些基础设施就较为健全。另一方面,对个人来说,上网需要一定的接入设备,如个人计算机,需要一定的上网资费,在我国电信业收费较为高昂的现实情况下,接入互联网对于经济较为落后的地区、人群来说是一种奢侈的行为。故不同地区之间的经济发展水

---

①　杨京英,杨红军.2007 年中外信息化发展指数(IDI)研究报告[J].统计研究,2008(1):28.

平落差是"数字鸿沟"形成的一个主要原因。

2. 城乡间数字鸿沟

由于经济发展水平和收入水平失衡而导致的数字鸿沟不仅存在于我国东部地区和中西部地区之间，我国城乡之间也存在着巨大的数字鸿沟。中国互联网络信息中心（CNNIC）所进行的第 23 次中国互联网发展状况统计报告显示，城乡之间网民数量及普及率差异巨大，我国互联网发展结构性差异明显（见图 6-1）。由于远程教育工程的推进和农村信息服务站的建设，农村互联网快速发展，到 2008 年底，中国农村网民规模达到 8460 万人，较 2007 年增长 3190 万人，增长率超过 60%。但是总的来看，农村地区网民普及率很低，农村网民仅占相应农村人口的 28.4%，是城市网民普及率水平的 1/4。

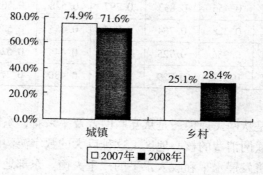

图 6-1　2007—2008 年网民城乡结构对比①

城乡间数字鸿沟产生的原因，除了城乡间经济发展水平和收入水平存在差距之外，还有我国长期以来实行城乡二元公共品提供制度以及城乡间受教育程度的差异。城乡间数字鸿沟的存在和加剧，将进一步扩大城乡居民之间的发展差距。乡村人口基本被"排斥"

---

①　参见中国互联网络信息中心 2009 年 1 月发布的《第 23 次中国互联网发展状况统计报告》。

在信息化之外，成为信息时代的边缘人群，这极不利于农业现代化、农村产业结构调整以及农民收入的增加。从某种意义上讲，加强农业与农村的信息化建设将是中国信息化建设的长期任务。

3. 群体间数字鸿沟

除了在地区之间和城乡之间存在数字差异之外，年龄、职业、受教育程度、家庭收入和生理原因等因素都会对人们使用互联网产生影响。按照中国互联网络信息中心的调查数据，以上述某一个指标衡量不同人群的互联网使用状况，总会发现存在着较大差异。

例如从年龄指标来衡量，我国各年龄段网民在网民总人数中所占比例也有较大差异。其中 10～19 岁年龄段占到网民总人数的 35.2%，20～29 岁年龄段人数占到总人数的 31.5%，而 30 岁以上所有网民人数才占到 31.9%（见图 6-2）。

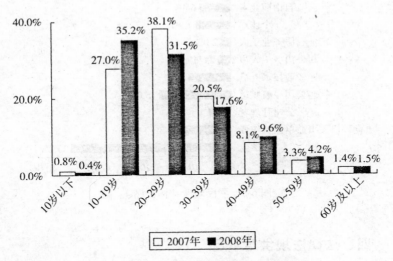

图 6-2　2007—2008 年网民年龄结构对比①

———————————

① 参见中国互联网络信息中心 2009 年 1 月发布的《第 23 次中国互联网发展状况统计报告》。

如果以职业来衡量，学生所占比例接近 1/3，达到了 33.2%，然后是企业单位工作人员，占总数的 15.0%，排在第三位的是党政事业单位工作者，所占比例为 10.3%，专业技术人员所占比例为 8.7%，个体户所占比例为 7.3%，其他职业的网民所占比例都在 7.0%以下，说明学生与白领是上网的主要人群，与其他人群之间存在"数字鸿沟"（见图 6-3）。除此以外，在受教育程度、家庭收入等指标上，也可以发现某一特定群体会出现所占比重过大或过小的情况。这种存在于群体之间的数字鸿沟，也使得民众在使用政府网站、享受政府提供的服务时会出现不公平情况。

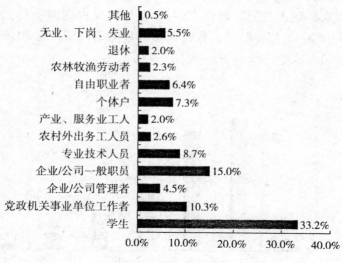

图 6-3　网民职业结构比例①

四、法律法规供给不足

从政府网站建设较为成功的国家的先进经验来看，重视政府网站建设必须先从创造良好的法律法规环境入手，需要有一整套科

---

①　参见中国互联网络信息中心 2009 年 1 月发布的《第 23 次中国互联网发展状况统计报告》。

学、合理、有力、有益的法律法规规范。以美国为例，为了保证政府网站建设和电子政务建设的顺利实施，美国出台了一系列的法律和文件，其中包括以信息为主要内容的《电子信息自由法案》、《电子签名法》、《公共信息准则》、《削减文书法》、《消费者与投资者获取信息法》、《文牍精简法》，以隐私安全为主要内容的《1998 年儿童在线隐私保护法》、《电子隐私条例法案》等；以基础设施为主要内容的《1996 年电信法》；以信息安全为主要内容的《1987 年计算机安全法》、《自动处理联邦政府重要基础信息的立法草案》、《2002 年联邦信息安全法案》等；以及属于政策性文件的《电子政府战略》等。这些法律和文件都分别在不同的角度和程度相关联，从而在整体上构成了政府网站和电子政务建设的法律基础和框架。①

　　相对于法律体系较为完善的美国，我国在这方面的相关立法工作进行得相对较慢，立法数目也相对较少。目前，我国电子政务立法尚无一部法律或行政法规有系统的规定，明确提到"电子政务"概念的法律文件只有一部，即《中华人民共和国行政许可法》第 33 条。在《中华人民共和国合同法》中有第 11 条关于书面形式包括"数据电文"及第 33 条关于当事人采用数据电文订立合同可以"要求签订确认书"的规定。前者承认了电子合同的合法性，后者涉及电子合同生效的要件。另外，《中华人民共和国合同法》第 16 条、第 26 条、第 34 条规定了电子合同要约的生效时间、承诺的生效时间及合同成立地点。但电子合同仍然无法操作，无法进入实质阶段。② 除了法律法规之外，政府网站建设还需要政府部门制定相关的规章制度和规范标准，对政府网站建设加以规范，约束政府网站建设、管理、考核的全过程，确保各项工作有章可循、有据可依，并且严格执行到位。但是目前在这方面做得也不够完善，一方面，我国大部分地方政府出台的规章制度和规范标准较少，缺乏执行与

---

　　① 刘家真. 中外电子政务案例研究[M]. 北京：高等教育出版社，2008：328-355.

　　② 张欣，张卫平. 我国政府电子政务立法的问题与思考[J]. 观察思考，2008(3)：20.

考核的标准；另一方面，各级政府对政府网站建设监督检查的力度不够，不同部门之间政策执行的偏差较大，从而使得规章制度和规范标准的约束效果得不到保证。

我国政府网站与电子政务相关法律法规之所以供给不足，源于以下几个方面：

首先，由于我国正式进行大规模的法律体系建设是从改革开放之后开始的，故而很多基础性法律尚不够完善，而涉及政府信息化的相关法律、法规又是建立在基础法律基础之上的，因此电子政务相关的法律法规尚处于酝酿的过程当中。其次，我国与电子政务有关的法律人才缺乏：对于政府网站和电子政务立法来说，所需要的是既精通法律，同时又对信息化有很深了解的复合型人才，但是目前这样的人才我国还比较缺乏。再次，既有的法律制度大多是纸质环境下制定的，因而许多条款和内容需要重新规范和调整。而要完全消除原有的法律体系中不适应电子政务运行的规范还需要一段时间。最后，我国的法律体系和美国的法律体系不同，我国是大陆法系国家，讲求立法的严谨，而美国是英美法系国家，法院的一个判例就是以后的法律，同时法律在制定后，不断以修正案的形式加以补充，因此我国的立法速度明显较美国为慢。

正是由于以上原因，我国在政府网站建设中法律供给严重不足，对政府网站建设发展造成了相当大的影响。以《中华人民共和国电子签名法》（以下简称《电子签名法》）为例，纸质表格可以通过签名或签章的形式对签名人身份加以确定，而在政府网站在线填写的表格也需要签名来保证其真实性，否则就不具备相同效力。对于电子签名功能，一方面需要通过网络信息技术的手段加以实现，另一方面也要通过立法的形式确立电子签名同纸质签名或签章具有同等的法律效力。假如没有《电子签名法》，网站中在线填写表格就不具备法律效力，政府网站也无法实现在线办事功能。在制定《电子签名法》之前，尽管我国各级政府网站很多已经具备表格下载填写功能，但在表格审批等环节中，仍然需要采用传统签名的形式，而政府网站只能作为一个下载表格的站点，浪费了大量的时间和人力、物力。在普遍呼唤《电子签名法》的背景下，《电子签名法》从立法到通过再到最终的实施，整整用去了五年的时间，直到 2005 年 4 月 1 日才得以施行。这五年的时间内，由于《电子签名法》缺失，给政府网站建设和我国电子政务发展造成了极大的阻碍。其他的法律法规的缺失以及制定时间漫长，同样大大延缓了我国政府网站建设进程。

五、其他问题

除了以上这些原因之外，我国的政府网站建设还在人才队伍建设、资金保障以及网络安全等诸多方面存在不足。从人才队伍建设来说，我国的政府网站建设需要既精通政府的业务工作，了解政府各部门的工作流程，同时也具备信息化的技术和工作经验的人才。但是此类人才我国目前严重缺乏，由此严重阻碍了我国政府网站建设；从资金保障来说，政府网站建设工程较为复杂，不仅要有一个强有力的后台数据库，还要有良好运行的业务系统、安全体系、用户服务渠道及运维服务，才能保证政府门户网站运营的有效性，而这些都需要有充足的资金作为保证。据调查，目前仅政府一个部门网站后台的局域网光纤建设资金就需要至少 50 万元，[1] 而这还不包括政府网站前台的设计、制作和维护管理以及各类运行系统的硬件和软件等费用。我国较为贫困的西部地区的地方财政，很难有充足的资金保证政府网站建设工作的顺利完成，而这也正是其政府网站建设绩效落后的一个重要原因。因此，从这个意义上来说，资金保障的不足也是我国当前政府网站建设的一个瓶颈；此外，由于政府网站的不间断开放性，加之许多政府网站管理和防范措施薄弱，使得其容易受到网络攻击。据国家计算机网络应急技术处理协调中心统计，2005 年在内地发生网页篡改 1.3 万多次，其中 1/6 的攻击对象是政府网站。[2] 政府网站作为政府发布重要政务新闻以及法

---

① 郭义波，梅州. 后发优势要找好突破口[N]. 中国计算机报，2005-08-14.

② 程颖. 浅谈政府门户网站的网络安全[J]. 中国信息导报，2006(8)：53.

律法规的重要渠道，一旦被黑客篡改，将严重损害政府形象，破坏民众对政府部门的信任，后果极为严重，因此网络安全也成为当前我国政府网站建设的一个严重问题。

第二节　进一步完善我国政府网站建设的建议

我国网站建设中之所以出现上述问题，与我国的国情有关：首先，我国的行政区域非常广阔，30 多个省、直辖市和自治区，500多个城市以及 2300 多个县级行政区，使得我国构建一整套统一完整的政府网站体系是一件牵涉大量的人力、物力的复杂工程。其次，我国的整体经济实力和科技实力与西方政府网站建设较好的国家相比，仍有相当大的差距，而且在短时间内难以赶上。最后，我国的电子政务和政府网站建设目前尚处于探索和发展阶段，无论是互联网和信息技术还是建设构想，都还不成熟，还需要学习。尽管我国的政府网站建设有这么多不利条件，但是我国可以从自身实际情况出发，借鉴发达国家在政府网站建设中所积累的经验，发挥好我国的"后发优势"，将我国的政府网站建设转到良性发展轨道上来。

针对建设公共治理型政府网站中存在的问题，我国政府应该在以下几个方面着手推动政府网站建设：

一、以用户为导向，提升政府网站服务品质

当前我国政府网站公众参与率低的一个重要原因是政府网站不能满足包括公民、企业和非营利组织等各类用户的需求，政府网站整体用户认知度和满意度水平仍处于低认知和低满意度的初级发展阶段。① 从我国政府网站建设的现状来看，绝大多数政府网站仍然是以部门职能为导向，未能做到从用户的角度出发。缺乏用户导向的政府网站内容充实度低、互动程度低、在线事务处理能力低。公

----

① 文静. 我国政府网站建设的现状与发展策略［J］. 硅谷，2008（10）：49.

众对于政府网站的感觉只是部分信息上网，只是将与该政府机构相关的内容放置在政府网站上，无法提供他们所需要的政务信息和在线服务。为此，在政府网站建设中，作为政府服务的窗口和形象的政府网站，需要以公民、企业和非营利组织等各类用户为导向，将其需求放在首要位置，使得他们能够无障碍、全天候地获取他们所需要的政务信息和在线服务。只有这样，才能激发公众参与政府网站的积极性，才能真正发挥政府网站的功用。我国政府网站建设应加强以下几个方面的工作：

1. 建立政府网站的需求机制

在以用户为导向进行政府网站建设时，必须建立政府网站的需求机制，做好用户的需求和偏好分析，做好用户的意见、建议收集工作，做好与用户的交流沟通等。具体步骤如下：第一，各级和各部门政府机关需要明确本级和本部门政府的服务对象，并对这些服务对象进行分类，在此基础上开始政府网站规划和设计。第二，对于各类服务对象的需求进行全面了解，并思考对于这些需要应该提供哪些服务。第三，分析哪些服务可以在政府网站上提供，以何种方式提供，哪些服务需要与其他部门合作才能提供，以及是否有其他对服务对象来说更为便捷、更为经济的途径提供这些服务，并列出与之相关的法律问题、政府网站提供服务的成本和收益、风险控制以及如何确保网上所提供服务的最低标准和最低要求。第四，按照所设计的服务提供类别和提供模式，在政府网站上及时、全面地向公众提供网上服务。第五，在网站建设的各个阶段，通过"可用性评估"、"体验评估"等模式，让公众及早地使用和感受政府网站的服务，并提出改进建议。争取在网站正式上线前保证网站基本满足民众的使用需求。

2. 完善政府回应机制

政府回应，就是政府在公共管理中，对公众所提出的各类问题和需求做出积极、及时、有效的反应和回复的过程。而通过政府网站所做的回应具有快速、便捷的特点，使得其可以帮助政府获得大

155

量的公众信任与支持，大大提升政府的服务形象。各级和各部门政府要强化各种信息反馈管理，建立相应的信息回应系统。各级和各部门政府需要进一步加强政府和公民、企业及非营利组织之间的互动，开辟用户留言窗口，及时了解公众对政府信息和服务的需求情况。此外，各级和各部门政府还要规范政府网站上领导电子信箱的管理，明确具体的责任和分工，对民众反映的各类问题及时、有效地进行解答和回复。各级和各部门政府还要利用政府网站所提供的在线咨询服务，解答民众的各类咨询，宣传好政府的政策法规；要通过政府网站提供的在线投诉服务，及时处理好民众的各类投诉。此外，各级和各部门政府要进一步通过政府网站提供的信息发布平台，及时公布各类问题的处理结果，向社会公众反馈。同时，各级和各部门政府要建立和完善政府网站信息回应机制和政府网站回应评估机制，使政府网站信息回应和反馈工作制度化。对公民和企业及非营利组织等通过政府网站提出的有关需求，要有回应反馈的时限规定，对于置之不理和推诿扯皮的行为，需要认真查处并追究责任。只有这样，才能真正做到让民众知情、理解、满意。

3. 完善政务信息公开制度

各级和各部门政府要按照《中华人民共和国政府信息公开条例》的精神，把政府网站建设中的政务信息公开工作纳入重要议事日程，全面推进政务信息公开工作。需要建立相关制度，以保障该项工作广泛、深入、持久地开展下去：首先是建立政府网站主动公开和依申请公开制度。以此明确政府网站向社会公开、内部公开和依申请公开的范围、形式、程序和时限。其次是建立政府网站政务信息发布审核制度。以此明确政务公开信息的管理和审核机构。最后是建立政府网站政务公开信息的责任制度，以此落实信息公开的组织领导责任，以确保所提供信息的准确性和实效性。通过上述制度的建设和不断完善，使得政府网站建设中的信息公开制度化、规范化。各类法律法规规章制度以及各级和各部门政府所做出的行政决定，只要不属于党和国家秘密事项，各级和各部门政府都要通过政府网站对外加以公开；同时要对照信息公开的有关规定，对已经在政府网站公开的内容要经常性进行检查，及时充实有关内容，全面实现政府网站的政务信息和办事公开。

4. 建设一站式网上服务平台

在公众心目中，最理想的同政府打交道的方式是公众不需要了解政府各部门的职能划分，不需要了解某件事应由政府哪个部门负责，而是在某个窗口上一次完成，这便是一站式网站出现的动因。① 它为用户提供统一的界面，人们无须了解政府组织的复杂结构和关系，也不需要知道哪一个服务该向哪个部门要求，用户登录政府网站办理相关事务时，即会被依照办事流程带到各个政府部门网站，用户不必为一件事分别登录多个政府网站。

一站式服务是指公民或企业只要进入政府综合办公点或政府门户网站，即可解决需要政府办理的所有有关事项。其核心要素并不是多个窗口的地理位置集中，而是通过网络和计算机技术实现业务逻辑集中，实现跨部门的协作服务，网上网下相结合、多种渠道受理反馈、资源共享、协同审批，实现"一站到底"。② 政府网站建设中一站式服务的核心内容即为改变传统的以政府为中心的服务模式，转向以公众为中心；界面设计打破政府部门的分类模式，以政府业务流为主线，从政府服务对象的需求出发设置内容。因此，各级和各部门政府网站在向公民、企业和非营利组织提供服务时，需要从用户的角度出发，打破传统政务处理中按政府部门职能分工的办事界限，将各部门内部的业务流程通过政府网站统一的信息交换与共享平台进行整合，从而向公民、企业和非营利组织提供一站式、无缝隙服务。通过信息共享和资源整合，解决部门间信息孤岛、资源浪费等问题。通过流程优化和再造，减少冗余，简化程序，借以实现跨部门协同办公，极大地方便民众。

---

① 揭自荣. 公众需求与政府网站的发展[J]. 情报探索，2005(5)：70.
② 苏武荣. 服务是政府门户网站的灵魂[N]. 计算机世界，2007-09-10.

二、把握数字机遇，变"数字鸿沟"为"数字桥梁"

对于政府网站服务可得性和接受能力的"数字鸿沟"问题，我们需要采取多种途径和办法加以解决：

1. 加强基础设施，发展教育，提高互联网的普及率

"数字鸿沟"是由于计算机、网络的可接入性不足以及使用者缺乏使用技能而造成的。对于解决政府网站的"数字鸿沟"问题来说，可得性"数字鸿沟"处于首要位置，因为只有提高了互联网的普及率，广大民众才有能力访问政府网站，享受到政府网站的服务。在解决互联网的普及率问题时，我们可以通过下列途径加以解决：

（1）通过政策倾斜与资金扶持，加强落后地区信息基础设施建设。通过转移支付或安排专项扶贫资金，国家给贫困落后地区提供用于建设信息基础设施财政资金方面的补贴，以加强我国中西部较为落后地区以及广大农村地区的信息基础设施投入，降低上网的门槛，使我国各个地区、各类人群都能够享受信息化带来的好处。此外，政府还应组织研制生产针对数字化低端群体的廉价电脑、数字产品和信息化自助终端服务设施。

（2）开展多领域、多层次的信息知识教育，使大部分人具备参与政府网站电子政务所必需的文化知识，为尽可能多的人创造通过政府网站获取全天候、无障碍的政府信息与服务的条件，缩小由于缺乏电脑知识和互联网知识所造成的"数字鸿沟"。政府不仅仅需要对在校的学生进行信息化教育，还需要对在职以及离退休老人进行信息化知识的普及与培训。信息化教育不仅仅要教授人们信息化知识，还必须注重培养人们的信息化意识，使人们意识到信息化的重要性，使信息化成为大部分人支持并参与的工程。

2. 发展多样化的服务渠道，提高公众上网率

受到我国经济发展水平和民众文化程度等多重因素的限制，想在很短的时间内提高我国互联网普及率并不现实。首先，所需要的

投资庞大，对于我们这样一个地域面积庞大、人口众多的国家来说，财政压力过大；其次，即使提高了互联网普及率，公众对于使用政府网站获取政务信息和公共服务的方式的接受度也存在着差异。因此，假如要提高公民对于政府网站的使用率，那么除了前面的加强基础设施建设和发展教育之外，还需要针对不同的地区和不同的人群，充分利用政府网站这个门户，整合其他网络资源，形成多渠道的服务体系和便捷接收终端，使得政府网上服务更快和更容易获取。

例如针对城市和经济发达地区，一方面我们可以采用设置"便捷上网点"的方式，以及中央财政投入部分资金与地方共建的方式，在各级图书馆、文化站、社区中心配备上网设备和培训人员，帮助缺乏上网设备和使用技能的民众登录政府网站获取各类信息和服务。另一方面，我们可以在使用互联网连接政府网站的渠道之外，积极拓展手机、电话、数字电视、呼叫中心、信息亭等多种渠道。如"中国上海"就利用手机终端为公众提供免费的政府信息订阅功能以及部分政务信息查询等服务。①

而针对农村和经济落后地区，我们一方面要确保各类政府机关、事业单位对于政府网站的使用率，以这些重点单位为中心，带动其他人群使用政府网站，逐步提高网络在农村的普及率；另一方面我们可以积极发展电话、广播等常用媒介，还可以通过人工方式将传统的纸介质或黑板报与数字化信息渠道进行对接，实现政务信息的传播。

3. 加强政府网站的宣传

消除"数字鸿沟"不只是消除基础设置和信息知识之间的差距，还需要加强人们对于政府网站的了解和认知。人们对于政府网站的参与和应用是一个循序渐进的过程：对于政府网站有了初步了解之后，尝试性登录政府网站，并获取政务信息和在线服务；进而在不断的使用过程中切身感受到政府网站的优点，并习惯于将网络作为

---

① 孙松涛. 政府网站基础理论思考[J]. 信息化建设，2007(1)：22.

他们与政府交互的渠道。基于此，我国政府需要做好各种宣传，提高社会公众对政府网站的认知度和满意度。对内，充分利用政府内部各种文件、简报等及时介绍网站建设情况，加强对政府机关内部各级工作人员的宣传。对外，做好面向社会的宣传，通过广播电视、报纸、网络、手机以及宣传册等各种方式扩大面向社会的宣传，提高政府网站影响力，有效宣传政府工作。网上，加强与重点新闻网站和主要商业网站的合作，及时链接、转载政府网站发布的信息，进而扩大网上影响力。网下，要考虑尚不具备上网条件的社会公众的需求，逐步与平面媒体、电视、手机等媒介合作，探索为非网民提供服务的有效方式。①

三、打破部门壁垒，建立完善的电子政务领导体制

以公众为中心建设政府网站需要跨层级、跨部门推行，但是在现行管理体制下难以办到。如果网上政务办理涉及不同的政府机构，部门之间的协调往往会存在一定的困难。领导体制上的问题已成为阻碍我国政府网站发展的重大障碍，而近年来我国政府网站推进过程中经常出现的"标准不统一，重复建设严重，互联互通性差，信息孤岛现象严重"等问题几乎全部根源于此。

从国外的经验来看，解决该问题的办法在于建立强有力的政府首席信息官(Chief Information Officer，CIO)领导体系对电子政务加以领导和管理。CIO 制度是一种跨部门、跨层级的电子政务领导体制。通过这种领导体系建设，一方面能够统一包括政府网站在内的电子政务建设中各类标准规范，并对政府网站中分属各个行政部门的信息资源加以整合，避免重复建设；同时也有利于协调部门之间的利益冲突，还可以对政府网站后台中各类办事程序进行再造，建设"一站式"政府网站。我们可以对此加以借鉴学习，建立适合中国国情的 CIO 制度，以打破部门壁垒，建立完善的电子政务领导体制。

首先需要建立适当的 CIO 领导机制。CIO 应在各级各部门政府

---

① 赵建青. 我国政府网站建设的现状与路径探析[J]. 中国行政管理，2007(6)：53.

中负责信息技术系统战略策划、规划、协调和实施，他们通过谋划和指导信息技术资源的最佳利用来支持政府部门的目标，辅助部门领导对电子政务建设进行规划和管理。作为跨部门的电子政务管理方式，与当前的政府信息化管理体制有以下两点不同：首先，CIO应被授予跨部门的协调管理权。即一定层级的政府CIO应具有管理下属各个职能部门涉及电子政务事务的权限，只有这样才能在各个部门之间有效地开展协调工作，统一各项标准规范，整合信息资源，并对后台流程进行再造；其次，应被授权负责本地区、本行业、本部门的电子政务信息系统预算、资源的调配以及负责本地区、本行业、本部门的电子政务信息系统的流程设计、业务沟通、甄别社会上的信息业合作伙伴、负责工程监理和效果评估。唯有如此，才算是真正掌握了建设电子政务所需要的各类资源和约束力。

其次，我们还需要在各级各部门政府建立专门委员会，以支持CIO的工作，支撑整个政府的信息化建设。否则，政府信息化仍然是"一把手"工程，而不是来自CIO机制的决策。我们需要在各级政府层面设立一个专门委员会，以推进包括政府网站在内的电子政务建设，将政府信息化推进过程中分散的职能集中于一个分级制的委员会，委员会主席即为该层级政府的信息主管领导（CIO）。委员会由来自各部门的信息主管领导组成，该领导同时又是本部门主管电子政务委员会的主席。这种机构组成的最大好处在于既便于协调，同时也便于决策的贯彻执行。由于委员会的成员是来自各部门的主管领导，因此当出现涉及跨部门的相互协作问题或矛盾时，各部门主管可以在委员会的会议上当面提出、当面沟通。美国联邦政府和各部门在制定信息化战略、管理信息资源和处理跨部门协作问题时都是采用委员会制这种组织结构。联邦政府的各个部门都设立了相应的首席信息官委员会，他们都在联邦政府首席信息官委员会的战略规划的框架之内规划本部门的信息化方向和战略，这样就保证了联邦政府的信息化战略的有效实现。①

---

① 张雁. 美英电子政务建设协调机制及启示[J]. 开放导报，2006(2)：91.

四、建立健全电子政务法律体系，推进政府网站发展

建立健全法律体系，是保证我国政府网站建设规范发展的迫切要求，也是理顺政府网站建设存在的问题的有效途径之一。而我国在 2001 年后才开始进行专门针对电子政务的立法工作，电子政务法律规范建设大大滞后于电子政务的发展。而近年来随着电子政务的核心转向政府网站建设，这种滞后就显现得更加突出，网站上出现的一些内容和功能也处于无法可依的境地。① 当前中国的相关权力部门应该加快与电子政务建设有关的立法，改善中国电子政务运行的法律环境，形成一套完整、统一的电子政务法律体系。

在电子政务的立法方面，首先要做的不是开展电子政务立法，而是需要为其立法做好准备工作：一方面要制定包括政府网站建设在内的电子政务发展所必需的基础性法律法规，另一方面需要对其他法规法律中阻碍电子政务发展的条文进行修改或是删除，从而为电子政务的健康发展打好基础。需要制定的电子政务基础性法律法规主要是与政府行政行为相关的一些法律法规，主要为规范电子政务实施主体及其程序的组织法和程序法，对这些基础法规的制定完善将有利于顺利推进电子政务的实施。

其次，需要制定和完善电子政务活动的核心法律法规。② 它们分别为：

（1）我国电子政务的基本法《电子政务法》，以此规定统一的电子政务基本原则和规范。其主要内容应包括：①电子政务组织法规范。主要规定我国电子政务主管部门的组成及其职能和权限；②电子政务行为法规范。主要规定电子政务行政行为的法律要件及其效力、电子公文及电子签章细则、电子政务的程序性问题和有关电子政务的行政争议的解决；③电子政务财政法规范。主要规定电子政务财政资金的来源、使用和监督问题；④电子政务监督法规范。规

① 白毅. 中新政府网站比较研究[D]. 山西大学硕士学位论文，2009.
② 张寒. 我国电子政务立法现状及发展建议[J]. 中国行政管理，2007（11）：26.

162

定有关电子政务的监督主体、监督范围，并建立电子政务实施评估制度。

（2）我国电子政务的技术保障法《电子政务技术法》，以此对电子技术（基础技术、系统技术、应用技术、安全技术）进行规范。其主要内容应包括：①电子政务数据规范。主要规定政府收集处理数据的条件、范围、程序问题。②电子政务标准规范。主要规定电子政务信息技术标准的制定机构、权限、标准的制定和执行的问题。

（3）我国电子政务的安全保障法《电子政务信息安全法》。其主要内容应包括：①计算机安全标准、网络安全标准、操作系统安全标准规范；②系统维护人员的权利与义务等规范；③违反信息安全的惩罚。

（4）其他法律，如涉及个人隐私权保护的《个人隐私权保护法》以及保护网络知识产权的法律等。

最后，还需要制定电子政务法律法规的具体执行规范。上述法律在实际运作中还会涉及种种不同的环境和问题，因此需要就法律执行设置相应的规范和具体办法。

五、其他建议

政府网站工作中的人才建设，需要着重从以下三个方面着手：首先，从引进人才来说，需要建立开放、灵活的人才聘用机制。对于政府网站建设中所急需的人才，可以采用弹性化的人事制度，如以市场化方式进行短期雇佣，向其提供较高的待遇等，以尽可能地吸引到相关的高级专业技术人才。其次，从人才考核来说，需要加强政府网站工作人员在任职期间的考核，不断研究和改进适合政府网站工作的考核办法，引用量化和绩效考评制度，提高考核的公正性、真实性、鲜明性、规范性，全面调动其工作积极性。最后，还特别需要加强对政府网站工作人员的培训工作。一方面需要针对工作人员所处级别层次和部门而开展不同内容的培训，另一方面还需要建立培训考评机制，以测试和评估培训效果。

在政府网站建设的资金保障方面，则需要建立以政府投入为主体、企业投入及其他投入为补充的多元化、多渠道投融资机制，为政府网站建设提供有力的资金支持。一方面需要将包括政府网站建设在内的政府信息化建设经费纳入财政年度预算，以用于电子政务的软、硬件建设；另一方面则是要采取市场化运行机制，坚持"谁投资、谁受益"的原则，与企业开展合作，共同开发建设便民服务平台，实现信息化建设多元化投资。

而在网络安全方面，则首先需要加强网络和信息安全管理等方面的法律规范建设工作，为政府网站安全工作提供法律保障；其次，需要加强我国信息安全基础设施建设，建立功能齐备、全局协调的安全技术平台（包括应急响应、技术防范和公共密钥基础设施（PKI）等系统），与信息安全管理体系相互支撑和配合，为政府网站安全工作提供技术保障；最后，还需要对政府网站工作人员进行安全培训，成立专门的安全专家小组负责政府网站的网络安全的重大决策工作，并设置专门的网络安全人员，负责处理网络安全问题，为政府网站的安全工作提供人员组织保障。

第七章 结论和思考

一、主要结论

首先，经过四个阶段、十多年的建设，我国政府网站体系基本构建完成，且质量不断改进，影响力与效果不断增加。但是我国的政府网站建设与西方发达国家相比仍有较大差距，目前尚处于初级阶段，大部分只具备简单的信息发布和服务提供功能，还需要找出自身的不足，向发达国家学习。

关于公共治理，本书将其定义为包括政府、市场、公民社会在内的多个相互依赖的主体，通过合作与协商，达成一致的共同目标并加以实现，从而最终实现对公共事务的管理。其特征为主体和权力中心由单一政府向多元主体转化；治理方式由集权转向民主合作；责任界限由清晰转向模糊；结构由金字塔形向网络结构转化；治理手段由单一转向多样化。

关于公共治理与和谐社会构建，本书认为公共治理模式的内涵及特征本身就决定了它在建设和谐社会中起着促进作用，一方面，公共治理模式中利益表达主体的多元化有助于构建和谐社会；另一方面，公共治理模式中的公共产品与服务供给的多元化有助于构建和谐社会。

关于公共治理与政府网站的关系，本书认为政府网站作为公共治理的实践投影，政府网站建设体现了公共治理六个方面的要素：政府网站提高政府办事效率，体现了公共治理的有效性要素。政府网站促进政务信息公开，体现了公共治理透明性要素。政府网站提供在线办事多渠道互动，体现了公共治理回应性要素。政府网站促进多种公共治理主体有效参与公共决策，体现了公共治理的合法性

165

要素。政府网站提供民主监督和沟通协商平台，体现了公共治理的责任性要素。而公共治理则是作为政府网站建设的理论指导，其表现为以下几个方面：公共治理理论要求政府网站建设以公众为中心；要求政府网站加强公众的参与和回应机制；要求政府在政府网站建设中发挥重要作用。

对于我国政府网站的建设情况，本书根据公共治理理论，以公共参与要素作为核心指标，以信息公开和在线办事作为常规指标，以网站建设要素作为基础指标，在此基础上依据层次分析法构建了政府网站评测模型，对我国省级政府网站进行了评估，得出了各省政府网站绩效排名，并初步得出了下列结论：即政府网站建设滞后与经济发展有一定关系，而我国省级政府在网站建设中还需要注意公民参与、信息公开和在线办事等事项的建设，特别是对于信息公开和在线办事此类常规性事务项，更是需要在深度上下工夫。

其次，本书通过 SPSS 统计软件对政府网站评测进行了可靠性检验，认为所设计的公共治理理论下的政府网站评测模型如实反映了其核心指标参与度因素，所做的评估也具备有效性。另外，本书还对影响评估结果的相关因素做了分析，认为政府网站的发展会受到内部要素和外在环境等多种因素的影响。内部要素主要是指来自政府内部行政力量的推动，这些力量主要是政府网站自身提供在线办事以及公共服务的能力等因素；而政府网站的外在环境要素则主要包括当地经济发展水平、网络基础设施、互联网发展水平，这些是政府网站发展的经济、社会与科技的外在推动力。

最后，本书依照内外部要素对政府网站建设的问题进行了分析，认为内在不足源于政府网站自身服务平台建设不够完善、人才缺乏、领导机制不力以及安全问题等；而政府网站建设的外在环境问题主要为存在数字鸿沟、资金缺乏以及法律法规供给不足等问题。针对这些问题提出以下对策：以用户为导向，提升政府网站服务品质；把握数字机遇，变"数字鸿沟"为"数字桥梁"；打破部门壁垒，建立完善的电子政务领导体制；建立健全电子政务法律体系，推进政府网站发展。此外，还就人才建设、资金保障以及网络安全这三个方面提出了相关建议。

166

二、研究思考

政府网站研究有其特殊的含义：网络和信息技术自身具备便捷性，加之作为机构整合和流程再造的推进器，政府网站建设无疑有着高效的一面；网络和信息技术自身具备开放和平等性，加之作为政务公开和无障碍提供公共服务的平台，政府网站建设也无疑有着公正的一面。给人的感觉似乎让行政学研究上左右摇晃的钟摆达到了平衡。这种特点无疑使其成为当前的一个热门领域，无论是在理论研究还是在实践操作上都是如此。但是同时我们需要注意到的是，政府网站建设并非一个简单的领域，它涉及理念、体制、机制、过程和技术等多个因素，这些因素可能经由不同的路径组合成不同的模式，而不同的模式又具有不同的效果。同时，电子政务也是一个发展迅速的领域，不论是政府管理的理念、体制、过程和技术，还是电子信息技术以及互联网技术，都处于不断发展和变化之中。

既然政府网站具备效率和公平的两面性，那么政府网站的应用是否就一定会导致善的结果呢。对此很多学者的观点非常乐观，认为包括政府网站在内的电子政务会促进效率并增加社会公平。但是事实却并非如此，还是以本书开头我国近十年的政府网站建设作为实例：耗费大量的资金却并未得到满意的结果，极低的认知度和参与度无疑等于宣布了以往政府网站建设的失败。

本书力图从行政理论变革的角度来寻找答案，因为只有设备和技术更新却没有行政思想和理论支撑的政府网站建设只会偏离当初设定的方向。本书提倡用公共治理理论指导政府网站建设，以此理论来促使传统的公共管理者主动将观念转向由民做主，而不是像一些学者所设想的由政府网站建设自动施行公平民主；同时以此来推动传统的公共管理者主动在网站上提供形式多样的在线服务和政务公开，而不是像一些学者所设想的由政府网站的技术因素自动来执行。

以上是笔者对于选择这个论题的最初出发点和思考。由于政府网站是一个涉及面广、发展迅速的研究领域，而且目前对于这个领域的理论积累很少，因此本人所做研究的深度与广度感觉仍然不够。本研究希望能对我国政府网站建设作出一点贡献，不过限于研究条件和自身的能力，研究中依然存在诸多不足，希望在今后的研究中能继续深入。

参 考 文 献

[1]刘家真．中外电子政务案例研究[M]．北京：高等教育出版社，2008.

[2]丁煌．西方公共行政管理理论精要[M]．北京：中国人民大学出版社，2005.

[3]姚国章．电子政务原理[M]．北京：北京大学出版社，2005.

[4]俞可平．治理与善治[M]．北京：社会科学文献出版社，2000.

[5]王长胜．中国电子政务发展报告[M]．北京：社会科学文献出版社，2003.

[6]毛寿龙，李梅，陈幽泓．西方政府的治道变革[M]．北京：中国人民大学出版社，1998.

[7]吴志成．治理创新：欧洲治理的历史、理论与实践[M]．天津：天津人民出版社，2003.

[8]汪玉凯，赵国俊．电子政务基础[M]．北京：中软电子出版社，2002.

[9]赵廷超，张浩．电子政务干部培训读本[M]．北京：中共中央党校出版社，2002.

[10]陈振明．政府再造[M]．北京：中国人民大学出版社，2003.

[11]陈光柞．因特网信息资源深层开发与利用研究[M]．武汉：武汉大学出版社，2002.

[12]陈庆云，王明杰．电子政务行政与社会管理[M]．北京：电子工业出版社，2003.

[13]宋军．电子政务理论与实务[M]．西安：西安电子科技大学出版社，2003.

[14]周志忍．当代国外行政改革比较研究[M]．北京：国家行政学

院出版社，1999.

[15]孙宽平，滕世华．全球化与全球治理[M]．长沙：湖南人民出版社，2003.

[16]彭和平等．国外公共行政理论精选[M]．北京：中共中央党校出版社，1997.

[17]周宏仁，唐铁汉．电子政务的理论与实践[M]．北京：国家行政学院出版社，2002.

[18]彭正银．网络治理：理论与模式研究[M]．北京：经济科学出版社，2003.

[19]刘文富．网络政治：网络社会与国家治理[M]．北京：商务印书馆，2002.

[20]李图强．现代公共行政中的公民参与[M]．北京：经济管理出版社，2004.

[21]顾丽梅．信息社会的政府治理：政府治理理念与治理范式研究[M]．天津：天津人民出版社，2003.

[22]北京市信息化工作办公室．信息技术与电子政务[M]．北京：清华大学出版社，2001.

[23]世界银行．1997年世界发展报告[M]．北京：中国财政经济出版社，1997.

[24]联合国开发计划署．中国人类发展报告（2002）[M]．北京：中国财政经济出版社，2002.

[25][美]文森特·奥斯特罗姆．美国公共行政的思想危机[M]．毛寿龙，译．上海：上海三联书店，1999.

[26][美]埃莉诺·奥斯特罗姆．公共事务的治理之道[M]．余逊达，陈旭东，译．上海：上海译文出版社，2000.

[27][美]詹姆斯·N.罗西瑙．没有政府的治理[M]．张胜军，刘小林，等，译．南昌：江西人民出版社，2001.

[28][美]奈·唐纳胡．全球化世界的治理[M]．王勇，等，译．北京：世界知识出版社，2003.

[29][美]拉塞尔·M.林登．无缝隙政府[M]．汪大海，等，译．北京：中国人民大学出版社，2002.

[30][美]戴维·奥斯本等. 摒弃官僚制: 政府再造的五项战略[M]. 谭功荣, 译. 北京: 中国人民大学出版社, 2000.

[31][美]简·芳汀. 构建虚拟政府: 信息技术与制度创新[M]. 邵国松, 译. 北京: 中国人民大学出版社, 2004.

[32][美]彼得斯. 政府未来的治理模式[M]. 北京: 中国人民大学出版社, 2001.

[33][美]道格拉斯·霍姆斯. 电子政务[M]. 詹俊锋, 等, 译. 北京: 机械工业出版社, 2003.

[34]汪玉凯. 中国政府信息化与电子政府[J]. 信息化建设, 2001(12).

[35]王浦劬, 杨凤春. 电子治理: 电子政务发展的新趋向[J]. 中国行政管理, 2005(1).

[36]张成福. 信息时代政府治理: 理解电子化政府的实质意涵[J]. 中国行政管理, 2003(1).

[37]俞可平. 全球治理引论[J]. 马克思主义与现实, 2002(1).

[38]俞可平. 治理和善治: 一种新的政治分析框架[J]. 南京社会科学, 2001(9).

[39]肖洪莉, 谢刚. 电子治理的现状分析与前景展望[J]. 沈阳工程学院学报(社会科学版), 2008(1).

[40]宋迎法, 刘新全. 电子民主——网络时代的民主新形式[J]. 江海学刊, 2004(6).

[41]臧乃康. 多中心理论与长三角区域公共治理合作机制[J]. 中国行政管理, 2006(5).

[42]汪玉凯, 黎映桃. 当代中国社会的利益失衡与均衡——公共治理的利益调控[J]. 国家行政学院学报, 2006(6).

[43]朱德米. 网络公共治理: 合作与共治[J]. 华中师范大学学报(人文社会科学版), 2004(3).

[44]沈佩萍. 反思与超越——解读中国语境下的治理理论[J]. 探索与争鸣, 2003(3).

[45]叶校正. 电子治理是中国走向善治的有效路径选择[J]. 电子政务, 2007(4).

[46]苏徐红. 论电子政府治理及制度创新[J]. 探索, 2001(3).

[47]陈波, 王浣尘. 电子政务建设与政府治理变革[J]. 国家行政学院学报, 2002(4).

[48]方蔚琼. 信息时代的电子政府及其服务行政模式[J]. 经济与社会发展, 2004(1).

[49]施洋. 以公众和企业服务为核心的加拿大电子政务——加拿大电子政务成功的关键[J]. 电子政务, 2005(2).

[50]欧立祥. 论电子政府治理理念及其相关制度的创新[J]. 滁州师专学报, 2002(4).

[51]孙国锋, 苏竣. 电子政府促进民主与发展[J]. 清华大学学报(哲学社会科学版), 2001(5).

[52]曹国瑞. 以"顾客需求为导向"强化政府网站服务意识[J]. 信息化建设, 2008(4).

[53]赵景来. 关于治理理论若干问题讨论综述[J]. 世界经济与政治, 2002(3).

[54]贺恒信, 王冰. 我国政府网站服务能力初探[J]. 生产力研究, 2008(4).

[55]周慧文, 刘辉. 全球电子政府发展水平的比较与评价[J]. 情报杂志, 2004(6).

[56]王艳, 谷峻战. 国外电子政府发展概况及启示[J]. 国家行政学院学报, 2002(5).

[57]曾正滋. 公共行政中的治理——公共治理的概念厘析[J]. 重庆社会科学, 2006(8).

[58]汪玉凯, 杜治洲. 电子政务对中美两国政府治理模式影响的比较[J]. 中国行政管理, 2004(3).

[59]张彬, 白艳利. 电子化政府与政府再造[J]. 内蒙古大学学报(人文社会科学版), 2003(5).

[60]侯彬. 试析"网络民主"特征及其对民主政治发展的影响[J]. 中共云南省委党校学报, 2005(1).

[61]曹凌, 耿鹏. 电子政务管理模式探析[J]. 西安电子科技大学学报(社会科学版), 2001(9).

[62]张成福.电子政府:发展及其前景[J].公共行政,2000(5).

[63]孟华.21世纪网络技术对中国行政决策的影响[J].厦门大学学报,1999(2).

[64]金太军,施从美.论政府的网上责任[J].公共行政,2001(5).

[65]徐红.论电子政府治理与制度创新[J].公共行政,2001(5).

[66]张敏聪.电子政务与政府行政管理变革[J].决策借鉴,2002(8).

[67]汪寅.电子政府对公民政治参与的影响[J].国家行政学院学报,2000(6).

[68]王宏禹,曹阳.论电子治理与人类基本价值的实现[J].大庆师范学院学报,2008(3).

[69]杨木容.对省级政府网站个性化信息服务建设的调查研究[J].图书馆建设,2008(3).

[70]聂平平.公共治理:背景、理念及其理论边界[J].江西行政学院学报,2005(4).

[71]俞可平.治理理论与中国行政改革(笔谈)——作为一种新政治分析框架的治理和善治理论[J].新视野,2001(5).

[72]包亚军.治理理论对当代中国政府体制改革的启示[J].苏州大学学报(哲学社会科学版),2005(1).

[73]李静,蒋丽蕊.治理理论与我国地方政府治理模式初探[J].辽宁行政学院学报,2006(2).

[74]兰华.我国公民社会发展与服务型政府建设——治理理论视角[J].山东大学学报(哲学社会科学版),2005(5).

[75]滕世华.治理理论与政府改革[J].福建行政学院福建经济管理干部学院学报,2002(3).

[76]沈荣华,周义程.善治理论与我国政府改革的有限性导向[J].理论探讨,2003(5).

[77]张晖.治理理论视野下的中国政府改革[J].山东省农业管理干部学院学报,2005(4).

[78]孟令梅.试论信息时代政府再造与电子政务之关系[J].国家

行政学院学报，2005(1).

[79]丁先存，王辉.电子政务中行政行为形式合法性探析[J].中国行政管理，2004(12).

[80]胡德华，郑辉，刘雁书.我国政府网站可获得性评价研究[J].图书情报工作，2007(5).

[81]刘云，刘文云.我国电子政务快速发展的环境因素分析[J].现代情报，2005(7).

[82]赵晖.电子政府——廉洁、高效与民主相统一的政府组织形态[J].行政与法，2000(2).

[83]施国良.对政府网站设计工作的探讨[J].情报理论与实践，2000(2).

[84]颜海.我国政府网站的建设现状及其发展[J].图书情报知识，2002(4).

[85]郭东强.我国电子政府建设现状、问题及建议[J].情报科学，2003(8).

[86]卢晓慧.中美政府网站及其信息资源的比较分析[J].中国信息导报，2003(8).

[87]谢志佐.对我国政府网站信息资源建设的思考[J].中国信息导报，2003(3).

[88]陈新忠，吕跃龙，倪永军，吴胜巧，虞晓萍.加拿大电子政府启示录[J].信息化建设，2002(10).

[89]郑大兵，马海龙.建立政府网站需规范和解决的几个问题[J].信息化建设，2000(4).

[90]张艳红.我国"政府网站"建设的问题与建议[J].中国信息导报，2002(5).

[91]钱颖.政府网站建设中的问题及对策[J].信息化建设，2001(6).

[92]范娟.我国电子政务的发展与建设初探[J].中国标准化，2005(7).

[93]陈争艳.以在线办事和公共参与为核心建设政府网站[J].电子政务，2007(12).

[94]巩建华．中国公共治理面临的传统文化阻滞分析[J]．社会主义研究，2007(6)．

[95]董小平．公共治理涵义、意义及中国化[J]．中共郑州市委党校学报，2007(2)．

[96]相丽玲，苏君华．我国政府网站建设中存在的问题与对策[J]．中国图书馆学报，2002(2)．

[97]沙勇忠，欧阳霞．中国省级政府网站的影响力评价——网站链接分析及网络影响因子测度[J]．情报资料工作，2004(6)．

[98]晏尔伽．中国省会城市政府网站链接分析[J]．情报科学，2008(2)．

[99]刘静岩，李峰，王浣尘．政府门户网站的功能与具体定位[J]．情报杂志，2005(2)．

[100]董亮．政府网站群整合的困难与解决[J]．现代商贸工业，2008(1)．

[101]孙松涛．政府网站建设应当关注的若干问题[J]．上海信息化，2005(7)．

[102]易名．政府网站的发展路径[J]．电子政务，2004(1)．

[103]雷险平．我国政府网站建设的问题与对策[J]．河南图书馆学刊，2004(3)．

[104]孙松涛．政府网站基础理论思考[J]．信息化建设，2007(1)．

[105]张成福．电子化政府：发展及其前景[J]．中国人民大学学报，2000(3)．

[106]祝小宁，刘婷婷．电子政务的发展及其对策研究[J]．电子科技大学学报(社会科学版)，2003(1)．

[107]李招忠．电子政府研究综述[J]．图书与情报，2005(1)．

[108]刘伟．电子政务的未来：善治[J]．电子商务，2002(7)．

[109]陈洁．电子政务与行政范式的转换[J]．档案学通讯，2002(6)．

[110]许春育，许芹．电子政务与政府治理[J]．科技情报开发与经济，2004(8)．

[111]减乃康．电子政务治理范式探析[J]．现代经济探讨，2004(4)．

[112]方蔚琼．信息时代的电子政府及其服务行政模式[J]．经济与社会发展，2004(1)．

[113]高家伟．论电子政务的理论基础——以"价值支配科技"的基本观念为核心[J]．行政法学研究，2004(1)．

[114]徐晓林，周立新．数字治理在城市政府善治中的体系构建[J]．管理世界，2004(11)．

[115]黄晓军．西方国家电子政府建设背景比较[J]．党政论坛，2004(9)．

[116]苏徐红．论电子政府治理及制度创新[J]．探索：哲社版，2001(3)．

[117]张志明，曹钮．"电子民主"剖析[J]．学术论坛，2001(1)．

[118]减乃康．电子政府对官僚制的创新与超越[J]．长白学刊，2004(4)．

[119]包兴荣．关于电子政务建设与我国行政改革的思考[J]．管理研究，2004(1)．

[120]顾戛良．电子政务：政府治理模式的革命[J]．兰州学刊，2003(6)．

[121]陶学荣，朱旺力．中国电子化政府：历史、现状和挑战[J]．江西社会科学，2004(2)．

[122]孙松涛．政府网站——政府信息公开的主渠道[J]．信息化建设，2005(5)：

[123]Gerhard Lutz, Gamal Moukabary. *The Challenge of Interadministration E-government* [J]. *Lecture Notes in Computer Science*, 2004(3183).

[124]Parent M, Vandebeek C A., Gemino A C., et al. *Building Citizen Trust through E-government* [J]. *Government Information Quarterly*, 2005, 22 (4).

[125]Evans D., Yen D. C.. *E-government: Evolving Relationship of Citizens and Government, Domestic, and International Development* [J]. *Government Information Quarterly*, 2006, 23(2).

[126]Evans D, Yen D. C.. *E-government: An Analysis for*

implementation: *Framework for Understanding Cultural and Social Impact*[J]. *Government Information Quarterly*, 2005(22).

[127] Chee Wei Phang, Atreyi Kankanhalli. *Engaging Youths Via E-Participation Initiatives*: *An Investigation into the Context of Online Policy Discussion Forums*[J]. *IFIP International Federation for Information Processing*, 2006(208).

[128] Hernan Riquelme, Passarat Buranasantikul. *E-Government in Australia*: *A Citizen's Perspective*[J]. *Lecture Notes in Computer Science*, 2004(3183).

[129] Mateja Kunstelj, Tina Jukić, Mirko Vintar. *Analysing the Demand Side of E-Government*: *What Can We Learn From Slovenian Users*[J]. *Lecture Notes in Computer Science*, 2007 (4656).

[130] Criado J. I., Ramilo M. C.. *E-government in Practice*: *An Analysis of Web Site Orientation to the Citizens in Spanish Municipalities*[J]. *The International Journal of Public Sector Management*, 2003, 16(3).

[131] Rose, N.. *Powers of Freedom*: *Reforming political thought*[M]. Cambridge University Press, 1999.

[132] Schriver K. A.. *Evaluating Text Quality*: *The Continuum from Text-focused to Reader-focused Methods*[J]. *IEEE Transactions on Professional Communication*, 1989, 32(4).

[133] Lester M. Salamon. *The tools of Government Action*[M]. Urban Institute Press, 1989.

[134] Garvey, G.. *Facing the Bureaucracy*: *Living and Dying in a Public Agency*[M]. Jossey-Bass, 1993.

[135] Ingwersen P.. *The Calculation of Web Impact Factors*[J]. Journal for Documentation, 1998(54).

[136] Landau, M.. *Multi-organizational Systems in Public Administration*[J]. *Journal of Public Administration Research and Theory*, 1991(1).

Administration[J]. *Journal of Public Administration Research and Theory*, 1991(1).

[137] Lynn, L. E.. *Assume a Network: Reforming Mental Health Services in Illinois*[J]. Journal of Public Administration Research and Theory, 1996(4).

[138] March. J. G., Olsen, J. P.. *Democratic Governance*[M]. Free Press, 1995.

[139] Gary Marks.. *Structural Policy and Multilevel Governance in the EC*//The State of the European Community. *A Lan Cafruny and Glenda Rosenthal*[M]. Lynne Rienner, 1993.

[140] Kettle, D. F.. *Public Administration: The State of the Discipline*// A. W. Finifter. *Politic Science: The State of the Discipline* Ⅱ [M]. American Political Science Association, 1993.

[141] Milward, H. B., Provan, K. G., Else, B.. *What Dose the Hollow State Look Like*//B. Bozenman, *Public Mangement: The State of the Art*[M]. Jossey-Bass, 1993.

[142] Sweeney M., Maguire M., Shackel B.. *Evaluating User-computer Interaction: A Framework*[J]. *International Journal of Man-Machine Studies*, 1993, 38(4).

[143] Kristin R E.. *Assessing U.S. Federal Government Websites*[J]. *Government Information Quarterly*, 1997, 14(2).

[144] Hernon P.. *Government on the Web: A Comparison between the United States and New Zealand* [J]. *Government Information Quarterly*, 1998(15).